防汛抢险培训系列教材

常见防汛抢险通用设备管理和使用

江苏省防汛防旱抢险中心　江苏省防汛抢险训练中心◎编

·北京·

内 容 提 要

本书结合江苏省防汛机动抢险队伍的建设管理情况，主要介绍了防汛抢险工程设备、防汛抢险移动发电和照明设备两类设备的管理和使用。本书立足于实效性和实用性，对江苏省防汛抢险一线装备的通用设备的使用进行了详细的讲解，并对日常管理及故障维修进行了分析。

本书可作为水利工作者、防汛抢险队伍技术培训的教科书和工具书，也可作为防汛抢险人员的参考资料。

图书在版编目（CIP）数据

常见防汛抢险通用设备管理和使用 / 江苏省防汛防旱抢险中心，江苏省防汛抢险训练中心编. -- 北京 : 中国水利水电出版社，2019.4
防汛抢险培训系列教材
ISBN 978-7-5170-7606-3

Ⅰ. ①常… Ⅱ. ①江… ②江… Ⅲ. ①防洪－职业培训－教材 Ⅳ. ①TV87

中国版本图书馆CIP数据核字(2019)第069190号

书　　名	防汛抢险培训系列教材 常见防汛抢险通用设备管理和使用 CHANGJIAN FANGXUN QIANGXIAN TONGYONG SHEBEI GUANLI HE SHIYONG
作　　者	江苏省防汛防旱抢险中心 江苏省防汛抢险训练中心　编
出版发行	中国水利水电出版社 （北京市海淀区玉渊潭南路1号D座　100038） 网址：www. waterpub. com. cn E－mail：sales@waterpub. com. cn 电话：（010）68367658（营销中心）
经　　售	北京科水图书销售中心（零售） 电话：（010）88383994、63202643、68545874 全国各地新华书店和相关出版物销售网点
排　　版	中国水利水电出版社微机排版中心
印　　刷	清淞永业（天津）印刷有限公司
规　　格	184mm×260mm　16开本　9.25印张　219千字
版　　次	2019年4月第1版　2019年4月第1次印刷
印　　数	0001—5000册
定　　价	**39.00**元

编 委 会

主　　审　刘丽君

主　　编　马晓忠

副 主 编　王　荣　谢朝勇

编写人员　周文彬　徐桂华　严行云　朱宇航
唐海波　唐家永　周陈江　李学武
朱恒亮　叶传亭　朱海兵　杨晓平
张　世

前言

防汛抢险事关人民群众生命财产安全和经济社会发展的大局，历来是全国各级党委和政府防灾、减灾、救灾工作的重要任务。为提高各级防汛抢险队伍面对洪涝灾害时的应急处置能力，做到科学抢险、精准抢险，江苏省防汛防旱抢险中心编写了防汛抢险培训系列教材。本系列教材是根据江苏等平原地区防汛形势和防汛抢险的特点，针对防汛抢险专业技能人才、防汛抢险指挥人员培训教育的实际需求，在全面总结新中国成立以来江苏省防汛抢险方面的工作经验的基础上，归纳提炼而成，具有一定的科学性、实用性。本系列教材包括《防汛抢险基础知识》《堤防工程防汛抢险》《河道整治工程与建筑物工程防汛抢险》《常见防汛抢险专用设备管理和使用》《常见防汛抢险通用设备管理和使用》5个分册。

本系列教材在编写过程中，得到了江苏省防汛防旱指挥部办公室和江苏省水利系统内多位专家、学者的精心指导，扬州大学在资料收集、整理筛选等方面做了大量的工作，在此一并表示感谢。

《常见防汛抢险通用设备管理和使用》分册共分为2篇。第1篇为防汛抢险工程设备，主要介绍挖掘机、推土机、装载机、叉车、吊车、脱钩器的运行维护及日常管理；第2篇为防汛抢险移动发电和照明设备，主要介绍移动电站、移动照明灯塔、照明作业灯的运行维护及日常管理等内容。

由于编者水平有限，加之时间仓促，本书疏误之处在所难免，敬请同行及各界读者批评指正。

编者

2019年1月

前言

目录

第2篇　防汛抢险移动发电和照明设备

第 1 篇

防汛抢险工程设备

随着我国国民经济的发展和科学技术的进步，对防汛抢险工作的要求越来越高，为适应防汛险情多变、复杂、抢险任务艰巨的特点，防汛抢险工作快速发展，传统的人工抢险向机械化抢险转变。在工程抢险中所需料物（如土石方和柳秸料等）的挖、装、运、填等各道工序及抢险中的部分技能操作（如打桩编织铅丝网片、捆枕等）均可由某类机械或某些配套机械完成，我们习惯将由多种机械配合完成的“一条龙”抢险流程称为综合机械化抢险。

机械化抢险具有速度快、效果好、省时、省力等优点。实施机械化抢险可明显减少人工投入（即减少参与抢险的人数），基本改变了传统抢险的人海战术，可大大减轻抢险人员的体力劳动（省力），加快抢险速度（省时），提高抢护效果，更有利于取得抢险成功，所以机械化抢险必将成为未来抢险的主流。

机械化抢险时，可选择性能优良、机动灵活、多功能机械设备或成套机械设备承担综合抢险任务，也可由不同的专用机械设备分别完成抢险中的某些单项技能操作，根据需要选择满足要求的抢险机械是取得抢险成功的基础。

在机械化抢险中，机械是基础，人是决定性因素，人机配合抢险是关键。

有了好的机械设备，同时还应注意发挥人机配合作用，只有人和机械的协调配合才能使抢险顺利进行和提高抢险工效。如操作机械设备需要有技术过硬的司机或机械手，机械不能完成的某些技能操作（如拴桩系扣封笼等）需要由技能高手（辅助操作人员）辅助完成，合理安排和调配使用机械设备需要熟悉情况的调度员，科学组织实施机械化抢险需要经验丰富的指挥员。

机械化抢险的不断推广普及，也对如何更好地组织指挥抢险和做好人机配合抢险、如何更好地发挥机械作用（扩大机械作业范围）和提高机械效率等问题提出了更高要求。抢险人员必须加强相关知识的学习，才能适应和满足新的需要。

第1章

挖　掘　机

1.1　设　备　概　述

挖掘机，又称挖土机，是用铲斗挖掘高于或低于承机面的物料，并装入运输车辆或卸至堆料场的土方机械。挖掘机的重要参数包括操作重量（质量）、发动机功率和铲斗斗容。挖掘机目前已成为防汛抢险工作中主要的工程机械之一，可大大地减轻劳动强度、缩短抢险时间、节约抢险成本，提高险情处置效率，做到“抢早、抢小”。挖掘机可加装长臂、振动锤、破碎机等工作装置，提高险情现场木桩、拉森钢板桩植桩效率。

1.2　基　本　结　构

1.2.1　整体图示

挖掘机的总体结构包括动力装置、工作装置、回转机构、操纵机构、传动系统、行走机构和辅助设备等，如图1.1所示。

1.2.2　主要结构

1. 动力装置

挖掘机的动力装置，多采用直立多缸式、水冷、一小时功率标定的发动机，如图1.2所示，其主要由燃油系统、润滑系统、冷却系统等部分组成。

（1）燃油系统。发动机燃油系统工作原理如图1.3所示，燃油输油泵是由凸轮轴驱动，并从燃油箱中抽取燃油，通过压力将燃油输送到燃油滤清器。过滤以后的燃油被送到喷油泵壳体的燃油室中，通过凸轮轴的旋转升高燃油泵柱塞，增加燃油压力。喷油泵通过喷油管将燃油输送到喷油嘴后，燃油被喷射到发动机的气缸中。一般燃油输油泵安装有溢流阀，将喷油泵多余的燃油送回燃油箱中。

（2）润滑系统。发动机润滑系统如图1.4所示，发动机在正常运行下，机油泵将机油从油底壳吸油罩压入缸体主油道，通过缸体钻孔油道润滑主轴承、凸轮轴轴承及连杆轴承。少量机油被送进活塞冷却喷嘴，及油嘴柱塞。机油流经凸轮轴承孔槽后，流进阀门机构油道。完成润滑过程后，机油流回到发动机机油油底壳中。部分机油从主油道中被引向喷油泵和正时齿轮；部分机油流经卡盘壳体上的输油管，润滑涡轮增压器轴承，机油从涡

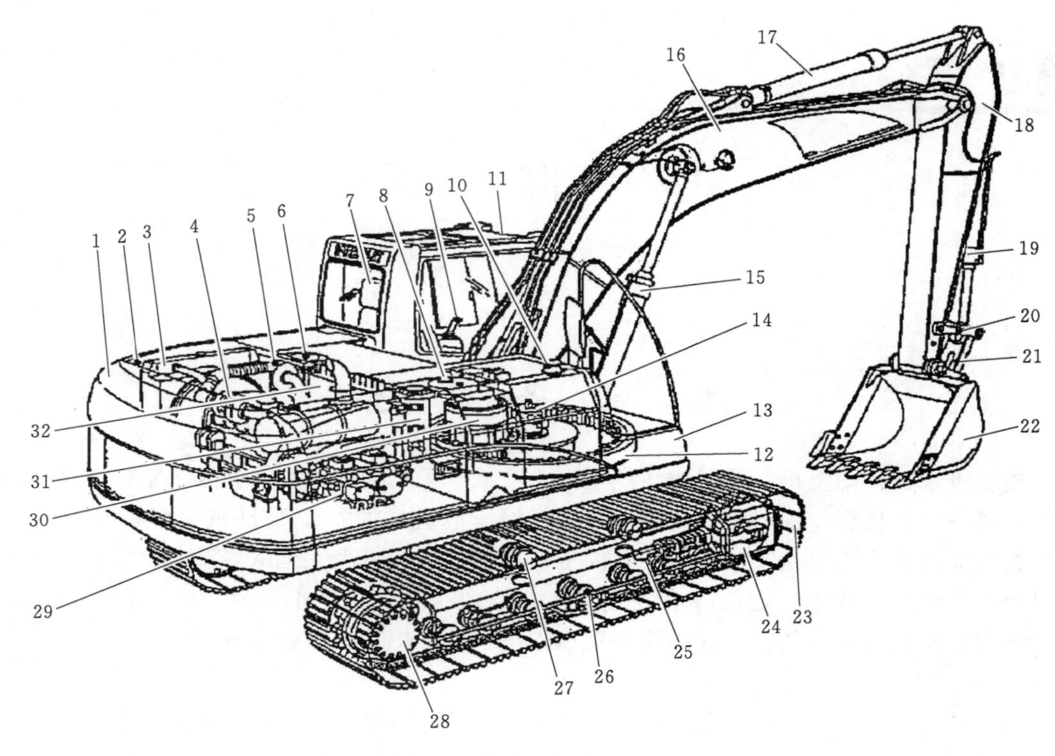

图 1.1 挖掘机整体示意图

1—配重；2—发动机罩；3—散热器和润滑油冷却器；4—发动机；5—空气滤清器；6—蓄电池；7—驾驶座；8—液压油箱；9—跟踪式操纵杆；10—燃油箱；11—驾驶室；12—回转轴承；13—贮物箱；14—旋转接头；15—动臂油缸；16—动臂；17—斗杆油缸；18—斗杆；19—铲斗油缸；20—联结装置；21—动力联结装置；22—铲斗；23—履带；24—张紧轮；25—履带调节器；26—支重轮；27—托轮；28，30—带马达最终传动；29—油泵；31—旋转式滤清器；32—控制阀

轮增压器的排放系统流经回油管路到达油底壳。机油冷却器安装在发动机机体侧的冷却液信道上，机油泵将温热的机油从机油滤清器送到机油冷却器进行冷却。当机油系统压力达到压力上限值时，油压安全阀打开，将多余的机油流到油底壳中为润滑系统提供主要安全防护。油压安全阀可用垫片来调节。如果油压安全阀未能正常打开，油压增加可能损坏部件，机油旁通阀则打开，释放系统压力。

(3) 冷却系统。发动机一般配有一个压力型冷却系统。压力型冷却系统具有两个优点，一是可以在高于一般水沸点的温度下安全运行，二是可以防止水泵气蚀。

如图 1.5 所示，在正常运行下，水泵首先将冷却液送入发动机缸体中，进入缸盖，然后经过出水管到水温调节器的壳体。在水温调节器打开时，冷却液流经出水管到达散热器。经散热器冷却后，流经散热器底部并进入进水软管，后到达水泵。

2. 传动系统

挖掘机的传动系统主要为液压泵（图 1.6），其将柴油机的输出动力传递给工作装置、回转装置和行走机构等。挖掘机用液压传动系统的类型很多，通常按主泵的数量、功率调

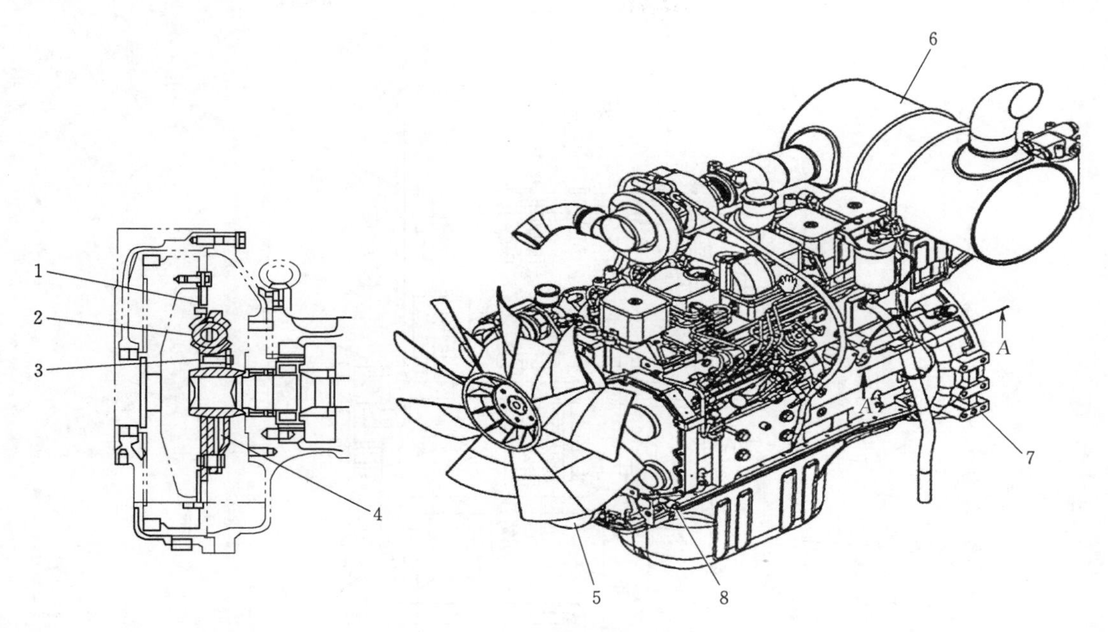

图 1.2　发动机结构示意图

1—驱动盘；2—螺旋弹簧；3—止动销；4—摩擦片；5—减震器；6—消声器；7—发动机后部安装座；8—发动机前部安装座

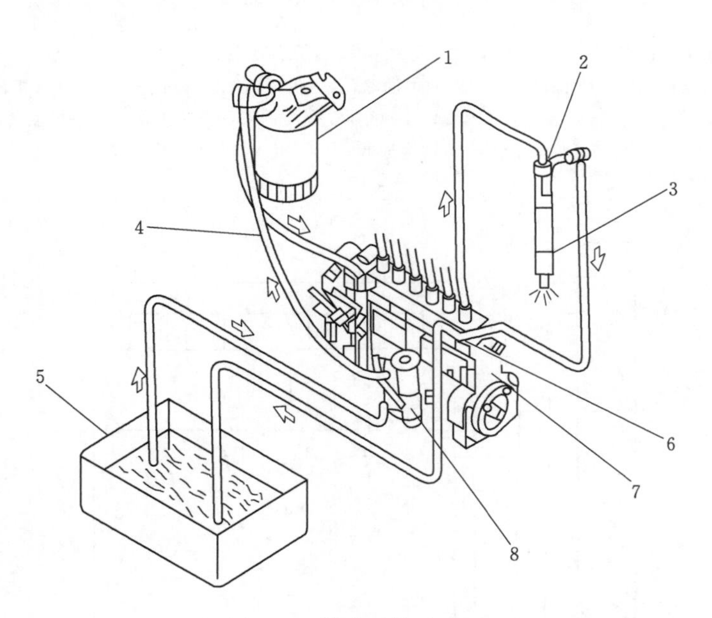

图 1.3　燃油系统示意图

1—燃油滤清器；2—燃油喷油器；3—燃油喷油嘴；4—燃油喷油管；5—燃油箱；6—溢流阀；7—燃油喷油泵；8—燃油输油泵

节方式和回路的数量来分类。有单泵或双泵单回路定量系统、双泵双回路定量系统、多泵多回路定量系统、双泵双回路分功率调节变量系统、双泵双回路全功率调节变量系统、多

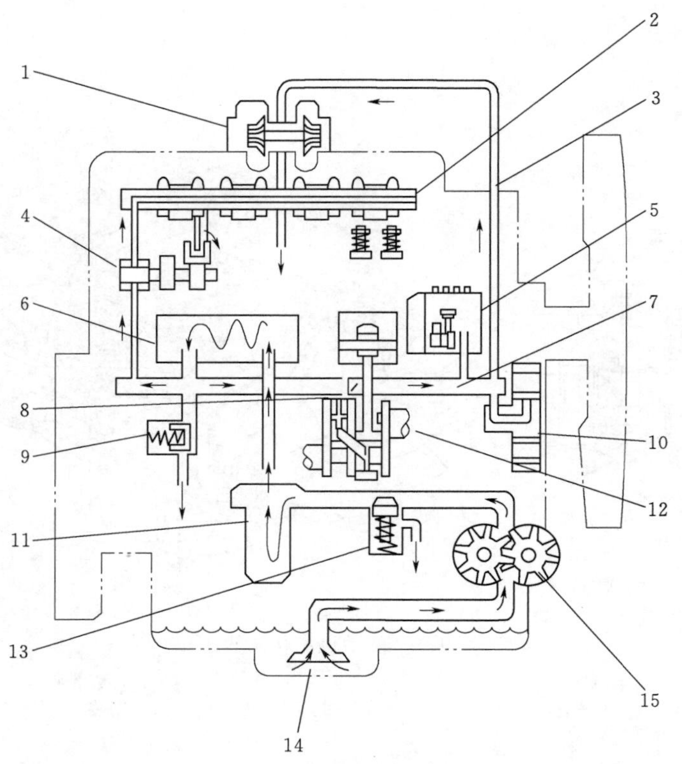

图 1.4　发动机润滑系统示意图

1—涡轮增压器；2—气门机构；3—机油供油路；4—凸轮轴；5—燃油喷油泵；6—机油冷却器；7—机油主油道；8—活塞冷却喷嘴；9—机油安全阀；10—正时齿轮；11—机油滤清器；12—曲轴；13—机油旁通阀；14—吸入口；15—机油泵

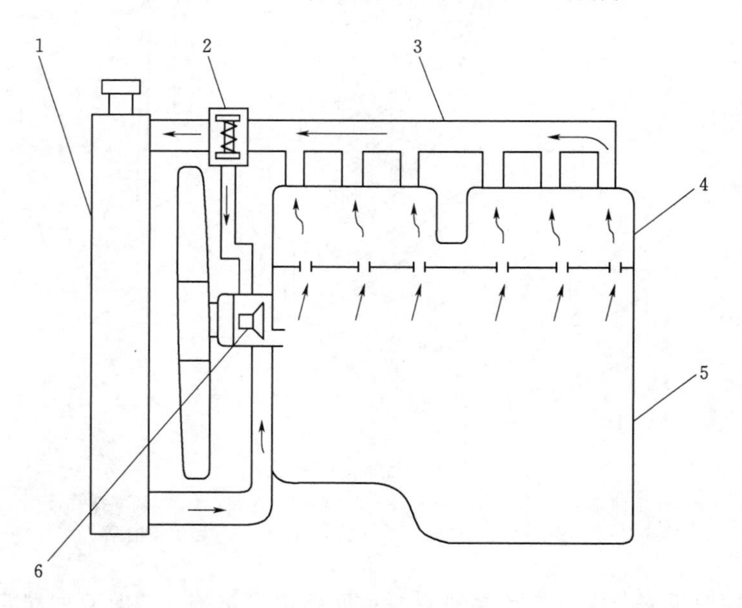

图 1.5　冷却系统示意图

1—散热器；2—水温调节器；3—出水管；4—缸量；5—缸体；6—水泵

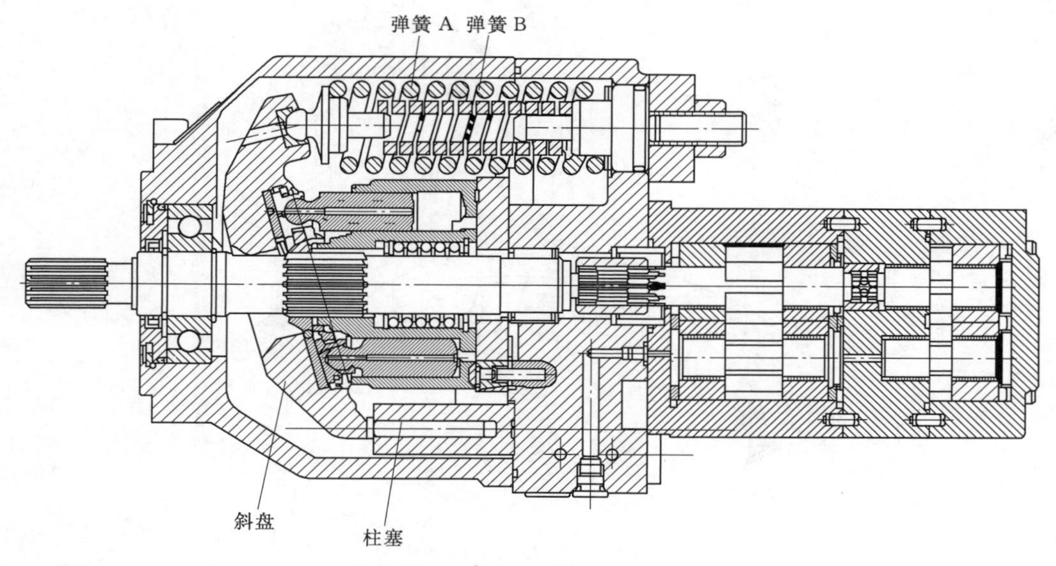

图1.6 传动系统液压泵示意图

泵多回路定量或变量混合系统6种。按油液循环方式分为开式系统和闭式系统。按供油方式分为串联系统和并联系统。

动力传输路线可分为：

(1) 行走动力传输路线。柴油机—联轴节—液压泵（机械能转化为液压能）—分配阀—中央回转接头—行走马达（液压能转化为机械能）—减速箱—驱动轮—轨链履带—实现行走。

(2) 回转运动传输路线。柴油机—联轴节—液压泵（机械能转化为液压能）—分配阀—回转马达（液压能转化为机械能）—减速箱—回转支承—实现回转。

(3) 动臂运动传输路线。柴油机—联轴节—液压泵（机械能转化为液压能）—分配阀—动臂油缸（液压能转化为机械能）—实现动臂运动。

(4) 斗杆运动传输路线。柴油机—联轴节—液压泵（机械能转化为液压能）—分配阀—斗杆油缸（液压能转化为机械能）—实现斗杆运动。

(5) 铲斗运动传输路线。柴油机—联轴节—液压泵（机械能转化为液压能）—分配阀—铲斗油缸（液压能转化为机械能）—实现铲斗运动。

3. 回转机构

回转机构使工作装置及上部转台向左或向右回转，以便进行挖掘和卸料。挖掘机的回转装置必须能把转台支撑在机架上，不能倾斜并使回转轻便灵活。为此，挖掘机都设有回转支撑装置（起支撑作用）和回转传动装置（驱动转台回转），它们被统称为回转装置。

(1) 回转支撑。挖掘机用回转支撑的结构形式，分为转柱式和滚动轴承式两种。

(2) 回转传动。全回转液压挖掘机回转装置的传动形式有直接传动和间接传动两种，图1.7所示为间接传动。

4. 行走机构

行走机构支撑挖掘机的整机重量并完成行走任务，多采用履带式和轮胎式。

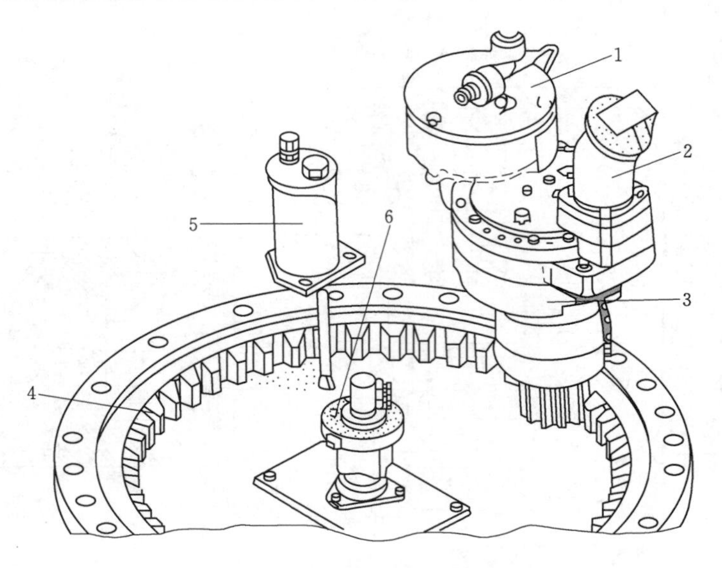

图 1.7 间接传动的回转传动

1—制动器；2—液压马达；3—行星齿轮减速器；4—回转齿圈；5—润滑油杯；6—中央回转接头

挖掘机的履带式行走机构的基本结构多采用两个液压马达各自驱动一条履带。与回转装置的传动相似，可用高速小扭矩马达或低速大扭矩马达。两个液压马达同方向旋转时挖掘机将直线行驶；若只向一个液压马达供油，并将另一个液压马达制动，挖掘机则绕制动一侧的履带转向；若使左、右两液压马达反向旋转，挖掘机将进行原地转向。

行走机构的各零部件都安装在整体式行走架上。液压泵输出的压力油经多路换向阀和中央回转接头进入行走液压马达，该马达将压力能转变为输出扭矩后，通过齿轮减速器传给驱动轮，最终卷绕履带以实现挖掘机的行走。

挖掘机大都采用组合式结构履带（图 1.8）、平板型履带板、三履刺型履带板和轧制履带板 4 种。挖掘机的驱动轮均采用整体铸件，能与履带正确啮合、传动平衡。

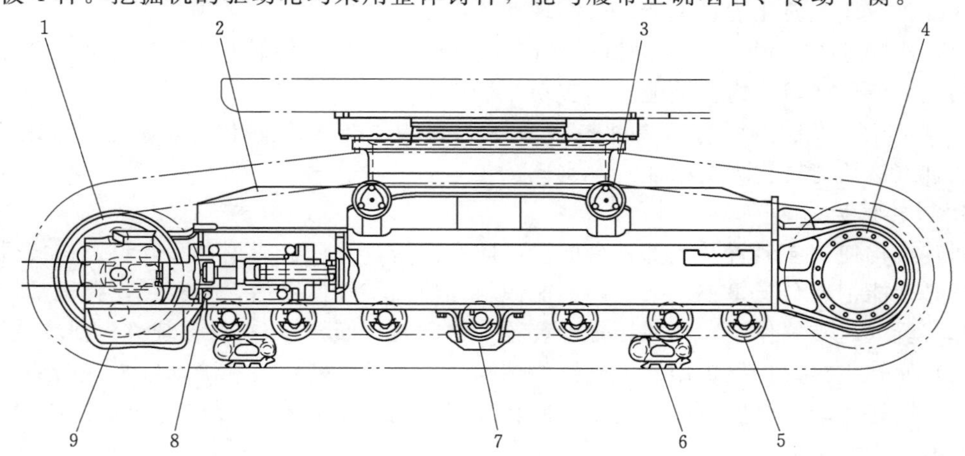

图 1.8 履带式行走机构示意图

1—引导轮；2—履带架；3—托链轮；4—终传动；5—支重轮；6—履带板；7—中心护板；8—张紧弹簧；9—前护板

5. 电气系统

电气系统（图 1.9）有充电电路、启动电路和弱电流电路 3 个独立电路。交流发电机产生电并供给充电电路，通过电压调节器控制电输出，保持蓄电池充分充电。在启动开关接通时，预热空气进气加热器，启动电路启动发动机。启动电流、充电电流大于安全电流，电路断路器工作，保护电气系统。

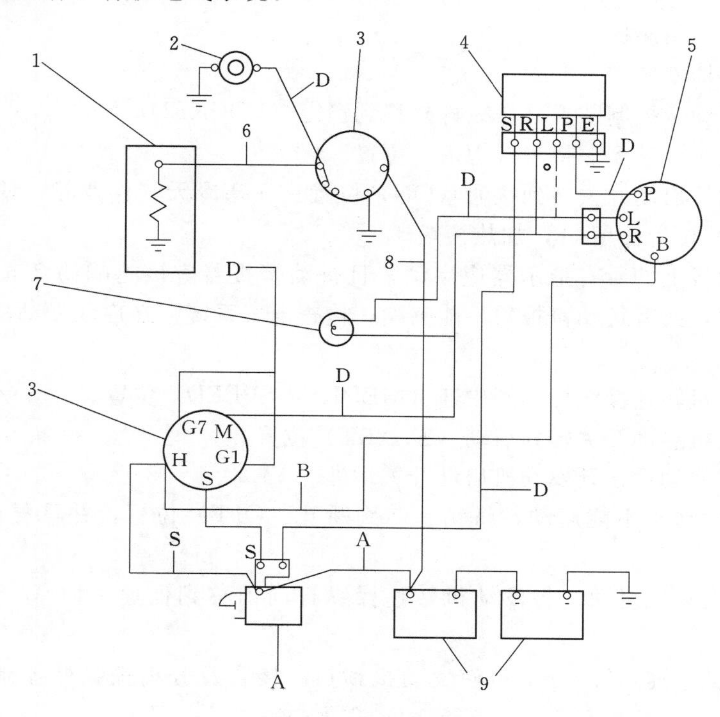

图 1.9 电气系统示意图

1—空气进气加热器；2—指示器；3、4—继电器；5—交流发电机；
6—蓄电池充电指示灯；7—启动马达开关；8—启动马达；9—蓄电池

1.3 设备使用操作

1.3.1 启动前检查

（1）检查外观，全面检查各部分安装是否牢固，螺栓螺帽有无松动，附件是否齐全，有无遗失损坏，检查各仪表操纵手柄有无连接松动损坏等情况。

（2）查看工作装置及底盘，确保没有液体泄漏。

（3）打开发动机舱，拔出机油标尺，擦拭干净后再将标尺插到底，拔出后查看确保机油充足。

（4）对燃油、冷却液进行检查，确保充足。

（5）查看电瓶桩头松紧度是否紧固，用万用表检查未启动时电瓶电压是否处于正常值。

(6) 检查刹车灯、警示灯、转向灯是否正常，查看两侧的灯光是否对称，检查灯罩内是否有雾气，如果有雾气，则有可能是车灯的密封性不好。

1.3.2 启动

(1) 调整驾驶员座椅。

(2) 系紧座椅安全带。

(3) 将液压锁定控制装置（操纵杆）移到锁定（LOCKED）位置。

(4) 将各操纵杆移到保持（HOLD）位置。

(5) 将发动机启动开关转到接通（ON）位置。在寒冷天气作业时，使发动机启动开关在接通（ON）位置停留6s，加热预热。

(6) 监控面板上的所有指示器应启动，且行动警报器应该鸣响约2.5s。如果某一个指示器不能启动，或者行动警报器不能鸣响，检查电气系统。在启动发动机前，进行必要的修理。

(7) 将发动机转速操纵杆移到中速（MEDIUM SPEED）位置。

(8) 将发动机启动开关转到启动（START）位置。

(9) 发动机启动后松开发动机启动开关钥匙。

(10) 如果发动机不能启动，将钥匙转到断开（OFF）位置，并重复步骤（8）至步骤（9）。

(11) 一旦发动机启动，将发动机转速操纵杆向前移到低速（LOW SPEED）位置，以使发动机预热。

(12) 至少低怠速运转5min以使发动机预热。接合及分离操纵杆控制器。以加速液压部件的预热。

(13) 为了预热液压油，要将发动机转速旋钮转到中等发动机转速。让发动机运转大约5min，并间歇地将铲斗操纵杆从“铲斗倾卸”（BUCKET DUMP）位置移到“保持”（HOLD）位置。

(14) 将发动机转速旋钮转到发动机最大转速并重复步骤（13），可以使液压油达到泄油压力，从而使液压油更快地预热。

(15) 循环操作所有操纵杆，以使热液压油流入各个液压油缸和液压油管中。

(16) 操作时随时注意各仪表和指示灯。

1.3.3 操作

1. 行进、转向操作

液压挖掘机前进后退前，一定要确定履带的朝向，这里所说的都是中传动位置在后面的情况，如果中传动位置在前的话，操作杆的操作和机械的运动方向就相反了，对此要十分注意。

(1) 直线行进：左右行驶操作杆，一起推向前方就直线前进；操作杆拉向进伸一侧就直线后退。

（2）左转或右转时，操作某一侧的行驶操作杆：右行驶操作杆推向前面，机械就向前左转。左操作杆推向前面，机械就前行右转。液压挖掘机转向时还有一个办法，例如，把左行驶操作杆拉向进伸一侧，右行驶操作杆推向前方的话，车子就原地向左转向；如要原地向右转向则把操作杆反向操作。

（3）爬斜坡时，行驶中工作装置一定要位于上坡方向，中传动要位于后侧。

（4）爬陡坡行驶中一定要把工作装置伸向朝前，重心移到坡的上方，增大了爬坡力。

（5）上平台时，先要把铲斗钩在平台上面，然后同时进行行驶操作和工作装置的操作，利用工作装置的力往上爬，接近平台上面时，一面用工作装置支撑起车体，一面缓缓的着地。

（6）下平台时，先把工作装置伸开，铲斗略高于地面，缓缓向前移动，重心移至平台的下侧方向后，车体倾斜，铲斗接地，这时用复合操作收进斗杆，提升大臂，一面支承着车体一面继续前进。

2. 工作装置单独操作

工作装置通过左右两边的操纵杆来操作。

（1）左操作杆：操作杆向前，斗杆伸出；操作杆向后，斗杆就收进；操作杆复位至中位，斗杆动作停止。

（2）斗杆动作的速度可以用操作杆的行程来调整：操作杆稍稍动一些，斗杆就缓慢动作；操作杆拉到底，斗杆就快速动作。

（3）左操作杆左右做动作时，上部回转体回转：杆向右，上部回转体就向右回转，杆向左，则向左回转。

（4）右操纵杆：操作大臂和铲斗，右操作杆向前后方向，可操作大臂，杆位向进伸一侧，大臂提升，杆向前推则大臂下降；向左右方向操纵铲斗，杆向右动，侧铲斗被翻出，杆向左动，侧铲斗被收进。

3. 工作装置复合操作

操作挖掘机的左右操纵杆能使两个以下的工作装置同时工作。例如一面收斗杆，一面收铲斗，或者一面回转一面提升大臂，这种操作叫做复合操作。

（1）在右操作杆工作时，杆朝斜方向动作，大臂和铲斗同时动作。例如，杆朝斜内侧身体一边拉的话，就能一面收铲斗一面收大臂。

（2）左操作杆可使斗杆和回转同时动作，例如，把杆拉向斜外侧进伸一边的话，可使一面收斗杆，一面向左回转，然后同时操作左右操作杆可以复合操作，另外还可一面用右侧操作杆提升大臂，一面用左操作杆回转。

4. 操作方式

（1）挖土、甩方。在工作场地内卧稳机器后，把二臂打开，铲斗口与二臂臂杆基本成平行状态后，铲斗落在地面上，回收到二臂与地面基本成垂直状态后停止，在收二臂的同时点抬大臂、点收铲斗，使铲斗挖满、端平，抬起大臂，使斗底脱离地面后旋转，在接近甩土指定地点时二臂打开、铲斗打开，将土甩在指定位置；旋转机器到指定挖土位置后继续下一个挖土、甩方动作。

（2）找平。在准备整平的地块上，先目测地面两端的高低度，然后从地面高的一端找准高程点，向低洼的一端依次找平，最后把高出高程点的土挖去，填平在低洼的地段，目测平整。挖掘机落大臂，开二臂到与大臂夹角约45°左右；铲斗打开，使铲斗口与二臂臂杆基本成水平状态；铲斗落到地面收二臂，抬大臂，把土向后拉；机器旋转依次按顺序一斗挨着一斗的进行找平。最后目测平整，视具体地形情况协调操纵大臂、二臂及铲斗，完成找平工作。

（3）挖沟、刷坡。根据沟的数据要求，机器卧放在指定位置，先由两侧沟口按层次下挖到数据深度，把余土挖走；按数据要求进行刷坡，铲斗口与二臂成水平状态，从上口开始作业，落大臂、收二臂，依次下刷；如刷左边坡就带动左旋转，反之带动右旋转；根据坡度数据要求由上至下到沟底角，最后清除沟底废土并找平沟底，以此类推按长度数据挖沟、刷坡。

（4）装车。察看卸土车及取土位置，确定机器施工前的卧机位置；二臂完全打开，铲斗口与二臂臂杆基本成平行状态后，铲斗落在地面上，回收二臂到与地面基本成垂直状态后停止，在收二臂的同时点抬大臂、点收铲斗，使铲斗挖满、端平，抬起大臂，使斗底脱离地面后旋转，旋转至车厢中间位置后，开铲斗、收二臂、抬大臂把土卸在车厢中间。注意：旋转过程中速度不要太快，做到不刮、不碰、不砸车辆。装车时应从车厢中间开始卸放，不能撒漏，铲斗不能从驾驶室或人员身上旋转通过。

（5）上、下板。挖掘机上板时：铲斗底部平放于板车大梁处，大臂慢落同时慢开二臂，使机器前端掘起，收二臂行走，机器行走大约整个链板的1/3处，抬起大臂旋转至机器另一端，慢落大臂及慢开二臂，将铲斗端平，支起机器使其成水平状态，行走机器（行走前要确定导向轮的位置）开二臂，使机器完全行走至板车上，收二臂、铲斗、落大臂到规范动作位置。挖掘机下板时：铲斗底部平放在地面上，二臂打开到45°左右，机器向前行走的同时，配合收二臂至链板剩1/3时，慢抬大臂、慢收二臂，使机器前端慢慢落到地面；抬起大臂旋转至机器另一端，把铲斗平放到板车大梁处，机器行走开二臂，使链板脱离板车，慢抬大臂、慢收二臂，使机器平稳落在地面上，完成挖掘机上下板车的操作。

（6）上、下坡。机车上、下坡前先了解坡的倾斜角度（最大坡度为32°），上坡时将机车对正坡沿，二臂、铲斗打开，调节大臂使铲斗齿尖与坡面保持在约40cm高度，操纵行走踏板或操纵杆匀速行走，注意坡沿与机车距离，机车不允许走偏；下坡时二臂打开，铲斗收回使铲斗底部与地面平行，并保持在约40cm高度，以防止机车向前倾翻，匀速行走至坡底。操作时应将机车放正走直，匀速行驶，不求快而求稳、不推铲路面。

1.3.4　停机

（1）工作结束后，将机器行走至停放位置。

（2）将铲斗完全打开，二臂垂直于地面。

（3）关闭液压安全锁、操纵杆、怠速运转5min。

（4）关闭发动机。

（5）锁好门窗离开。

1.3.5 注意事项

(1) 挖掘时注意动作平稳，不得用铲斗猛烈的敲击。

(2) 应防止油缸伸缩到极限位置时对限位块的撞击，以免损坏机件。

(3) 严禁在回转时，铲斗横扫障碍物或平整场地，以防扭曲斗杆和动臂等部件。在挖掘机的回转半径内不得有人，以防事故。

(4) 操作时应经常注意仪表的读数是否符合规定。工作油温不得超过75～80℃。发现异常情况，应立即停车检查。

(5) 对无制动器而依靠液压制动的挖掘机，在挖掘过程中，应当把变速阀置于低挡位置，以保证有足够的制动力矩。

(6) 挖掘过程中。如发现挖掘机液压油压力突然变化，应找出原因，而不应将分配阀的压力自行提高，以免压力过高而损坏系统。

(7) 当铲斗在沟中挖土时，不允许后退挖掘机，否则会造成油缸和斗杆的损坏。

(8) 严禁在高压线下作业。必须使挖掘机与高压线保持一定距离。一般5500～11000V的高压线应相距8m以上；1100～3300V的相距5m以上；380V的应相距1.5m以上。

(9) 铲斗挖土完毕，但尚未离开工作面时，挖掘机不得进行回转，以防扭坏斗杆和动臂等部件。

(10) 不得在边缘地带以工作装置自重的压力来挖掘土壤，也不许一次挖过量的土方，否则会造成翻车等严重事故。

(11) 挖掘机工作结束时，应离开工作面，停放在平整的场地上，以免可能发生塌方等造成事故。

(12) 严禁挖掘机在斜坡上停放。如遇故障必须在斜坡上停车时，应在履带下填放三角木保护。对轮胎式挖掘机则必须使用停车制动器，以免溜车造成事故。

(13) 停放时，应将铲斗及斗杆油缸活塞杆放在缩回位置。铲斗支撑在地面上。

1.4 设 备 管 理

1.4.1 日常管理

1. 外观检查

外观检查包括车身是否磕碰、照明灯、后视镜、油漆是否脱落、车身是否整洁。

2. 油水泄漏检查

油水泄漏检查包括液压油缸（大、小臂油缸，铲斗油缸），车身底板，车下有无漏油漏水，各滤芯接头漏油渗油检查，油管、水管管路、接头，支重轮、托链轮及终传动表面有无油迹。

3. 零部件松动、磨损和丢失检查

零部件松动、磨损和丢失检查包括链轨张紧度，链板螺栓是否松动、丢失，链板是否磨损、弯曲、断裂，斗齿是否松动、磨损，驱动轮、托链轮、支重轮、引导轮磨损检查，铲斗及连接销轴检查，其他紧固件松动、丢失检查。

4. 油位、水位检查

油位、水位检查包括发动机润滑油检查、冷却液检查、液压油位检查、柴油、油水分离器。

5. 发动机仓内检查

发动机仓内检查包括皮带松紧（发电机、空调压缩机、风扇）、发电机、启动电机连线、散热器。

6. 电瓶、电瓶连线检查

电瓶、电瓶连线检查包括电瓶开关是否打开、电瓶外观有无破损、电瓶连线有无松动。

1.4.2 运行管理

1. 整体外观检查

整体外观检查包括整体外观是否损坏，各部分安装是否牢固，螺栓螺帽有无松动，附件是否齐全，有无遗失损坏，各仪表操纵手柄有无连接松动损坏。

2. 试运行检查

试运行检查包括查看工作装置，及底盘有无液体泄漏，机油、燃油、冷却液是否充足，电瓶桩头松紧度是否合适，未启动时电瓶电压是否达到要求，发动机能否正常启动及倾听有无异响，检查刹车灯、警示灯、转向灯是否正常，两侧的灯光是否对称、灯罩内是否有雾气。

3. 运行检查

运行检查包括运行时间记录、液压油温度是否正常、发动机冷却液温度是否正常、机油压力显示是否处于正常值、发动机有无异响、大臂操作是否正常、小臂操作是否正常、铲斗操作是否正常。

4. 停机检查

停机检查包括工作装置是否放平于地面、各手柄是否均放在中间位置、是否已切断电源、电门钥匙是否拔出、车门是否已锁好。

1.4.3 检修维护

在进行每个依次连续的周期保养前，必须进行先前周期所需的所有保养。发动机的正常换油周期是每500个工作小时或每项3个月，如果发动机在恶劣条件下工作则每项250个工作小时或每1个月更换机油，恶劣条件包括下列因素：高温、连续高负载和多尘条件。

1. 每日检修

每日检修部位见表1.1。

2. 机器在恶劣条件下使用时每10个工作小时检修

机器在恶劣条件下使用时每10个工作小时检修部位见表1.2。

表1.1　每日检修部位

序号	部　位	方式	序号	部　位	方式
1	冷却系统液面	检查	5	液压系统油面	检查
2	发动机机油油面	检查	6	指示器和仪表	试验
3	燃油系统水分离器	排放	7	座椅安全带	检查
4	燃油箱的水和沉淀物	排放			

表1.2　恶劣条件下使用时每10个工作小时检修部位

序号	部　位	方式
1	铲斗连杆机构	润滑
2	动臂和斗杆连杆机构	润滑

3. 每月检修

每月检修部位见表1.3。

表1.3　每月检修部位

序号	部　位	方式
1	动臂和斗杆连杆机构	润滑
2	液压系统油滤清器（壳体排放）	更换
3	液压系统油滤清器（先导）	更换
4	回转驱动润滑油	更换
5	蓄电池	清洁
6	蓄电池固定夹	紧固
7	最终传动润滑油油面	检查
8	最终传动润滑油油面	检查

4. 每季度检修

每季度检修部位见表1.4。

表1.4　每季度检修部位

序号	部　位	方式	序号	部　位	方式
1	履带调整	检查	8	发动机曲轴箱通气器	清洗
2	行走装置	检查	9	发动机机油和滤清器	更换
3	绕行检查空调器	试验	10	燃油系统滤清器	更换
4	冷却系统软管	检查	11	燃油系统手动充油泵	操作
5	回转轴承	检查	12	燃油系统水分离器滤罐	更换
6	回转驱动油油面	检查	13	燃油箱盖和滤网	清洁
7	三角皮带	检查/调查/更换			

5. 每年检修

每年检修部位见表1.5。

表1.5　　每年检修部位

序号	部　　位	方式
1	润滑油	更换
2	齿轮油	更换
3	回转齿轮	润滑
4	液压系统液压油滤清器（吸油）	更换
5	液压系统液压油滤清器（先导）	更换
6	液压系统液压油滤清器（回油）	更换
7	回转驱动油	更换

6. 每两年检修

每两年检修部位见表1.6。

表1.6　　每两年检修部位

序号	部　位	方式	序号	部　位	方式
1	座椅安全带	更换	3	液压系统液压油	更换
2	电瓶	更换	4	冷却系统冷却液	更换

7. 需要时保养

需要时保养部位见表1.7。

表1.7　　需要时保养部位

序号	部　　位	方　式
1	空调器滤清器	检查/更换
2	蓄电池	回收
3	蓄电池、蓄电池电缆或蓄电池断路开关节	更换
4	铲斗连杆机构	检查/调整
5	铲斗齿尖	检查/更换
6	驾驶室空气滤清器	清洁/更换
7	断路器	复位
8	发动机空气滤清器粗滤芯	清洗/更换
9	发动机空气滤清器细滤芯	更换
10	保险丝	更换
11	液压油箱滤网	清洗
12	润滑油滤清器	检查
13	散热器芯	清洁
14	履带调整	调整
15	车窗	清洁

1.5 常见故障及排除

1.5.1 发动机

发动机常见故障及排除方法见表1.8和表1.9。

表1.8 发动机启动困难或不能启动可能的原因及根除办法

序号	可能原因	根除办法
1	燃油箱无油	加注燃油
2	燃油滤清器脏	检查燃油滤清器
3	燃油箱内柴油太少，或油的质量差	加入符合要求的新油
4	燃油管路或滤清器阻塞	清洗进油管路及滤清器

表1.9 发动机缺火或运转粗暴可能的原因及根除办法

序号	可能原因	根除办法
1	燃油压力低	检查低压油路油压情况
2	燃油系统有空气	检查漏气部位并排气
3	喷油泵和喷油器之间燃油管泄漏或断裂	更换燃油管
4	气门间隙不对	调整气门间隙
5	燃油喷嘴有故障	更换燃油喷嘴
6	推杆弯曲或断裂	更换推杆

1.5.2 电气系统

电气系统常见故障及排除方法见表1.10和表1.11。

表1.10 电瓶的电很快用完可能的原因及根除办法

序号	可能原因	根除办法
1	开车时钥匙长时间不在“连通”位置，不充电	注意转到“连通”位置
2	装载机工作循环时间太短，使电瓶充电不足	给电瓶充电
3	电气系统短路	查找修理
4	电瓶极板硫化，充不进电	重新充电

表1.11 电器仪表不工作可能的原因及根除办法

序号	可能原因	根除办法
1	仪表或传感器损坏	更换
2	连接松动	拧紧
3	导线破裂，漏电	修理或更换
4	仪表保险丝断	检查更换

1.5.3 液压系统

液压系统常见故障为液压泵发出噪声，其原因及根除办法见表 1.12。

表 1.12 液压泵发出噪声的原因及根除办法

序号	可能原因	根除办法	序号	可能原因	根除办法
1	油量不足	加油	5	传动轴振动	修理
2	吸油管路进气	修理排气	6	万向节磨损	更换
3	安装螺栓松动	拧紧	7	液压泵出故障	修理或更换
4	液压油污染	换油或过滤			

第2章

推　土　机

2.1 设备概述

推土机是一种能够排弃土石方的工程机械。其前方装有大型的金属推土刀，工作时通过调整推土刀的位置和角度，向前铲削并推送泥、沙及石块等。推土机结构合理、性能稳定、动力强劲、操纵轻便灵活，是防汛抢险工作中理想的土石方工程作业机械之一。

2.2 基本结构

2.2.1 整体图示

推土机整机如图2.1所示。

图2.1　推土机整机

1—推土铲；2—提升油缸；3—燃油箱；4—履带；5—链轮；6—台车架；7—托轮；8—引导轮；9—推杆

2.2.2　主要结构

1. 发动机

本章以具有体积小、重量轻、功率大、油耗低、排放指标先进、噪声低、通用性强等优点的直列六缸柴油机为例进行介绍，如图 2.2 所示。

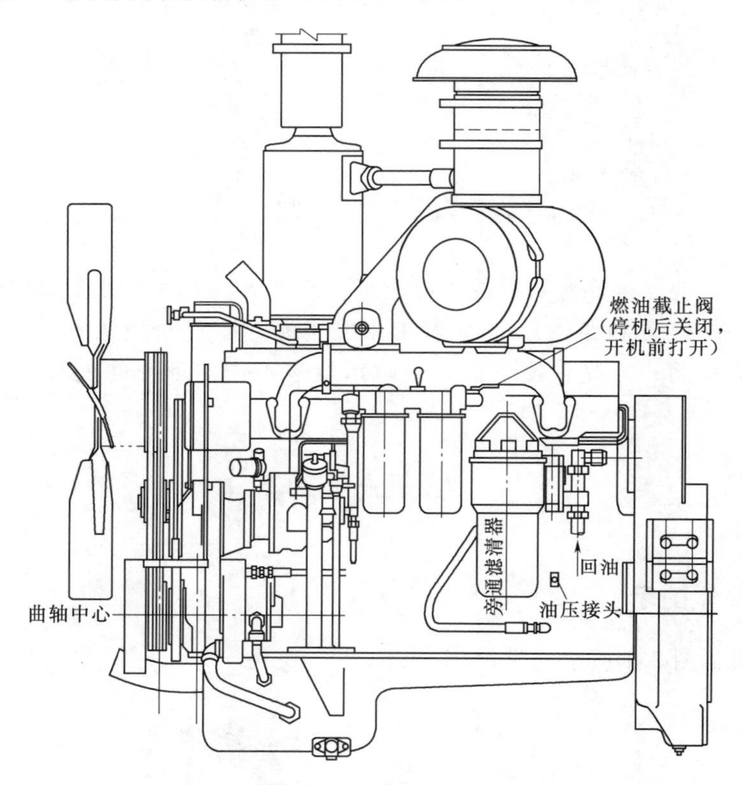

图 2.2　直列六缸柴油机发动机结构

2. 传动系统

推土机传动系统主要由主离合器、变速器、主减速器、中央传动、最终传动和侧传动装置组成，如图 2.3 所示。

(1) 主离合器。主离合器由壳体、主动部分、从动部分、压紧机构、操纵机构等组成，如图 2.4 所示。其主要作用如下。

1) 切断动力，方便换挡。

2) 柔和结合，平稳起步。

3) 片刻分离，短暂停车。

4) 过载打滑，免遭损坏。

(2) 变速器。变速器主要由变速传动机构和变速操纵机构组成。变速传动机构由主动轴、从动轴、中间轴、惰轮轴、齿轮和轴承等部分组成，如图 2.5 所示。变速操纵机构由变速杆、进退杆、拨叉、拨叉轴等组成，如图 2.6 所示。变速器作用如下。

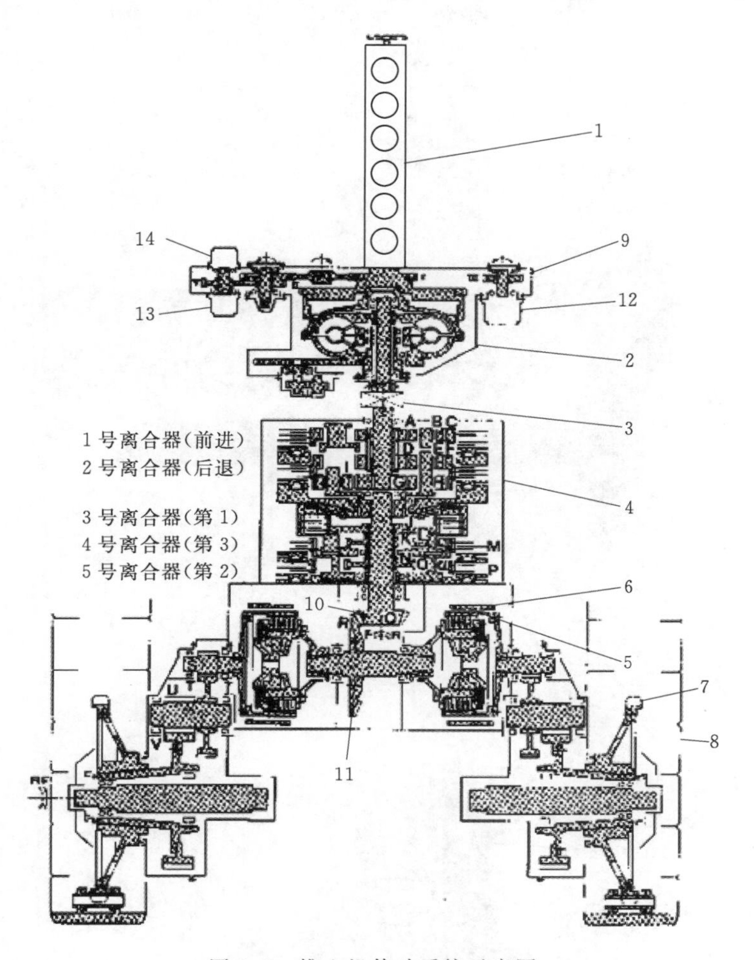

图 2.3　推土机传动系统示意图

1—柴油发动机；2—液压变矩器；3—万向节；4—变速箱；5—转向离合器；
6—转向制动器；7—终传动；8—行走系统；9—分动箱；10—小锥齿轮；
11—伞齿轮；12—工作泵；13—变速泵；14—转向泵

1）变速变扭。

2）变换方向。

3）切断动力。

（3）主减速器。主减速器的结构是一对螺旋锥齿轮传动，如图 2.7 所示，其主要作用如下。

1）减速增扭。

2）变向。

（4）中央传动机构。中央传动机构如图 2.8 所示，其主要作用是改变动力传递方向（变纵向为横向）和一级减速、增大扭矩。中

图 2.4　主离合器结构图

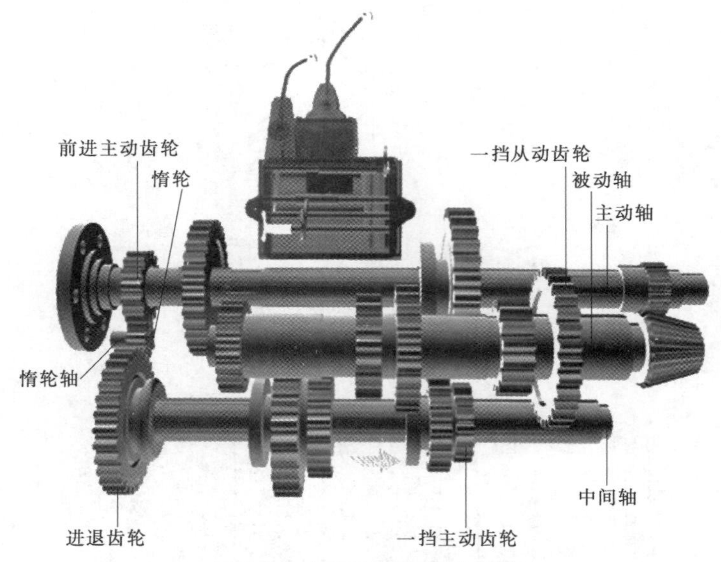

图 2.5　变速传动机构示意图

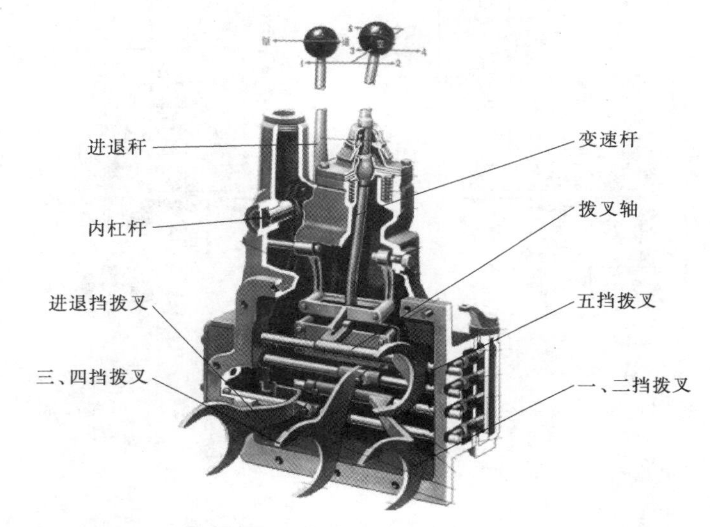

图 2.6　变速操纵机构示意图

图 2.7　主减速器结构示意图

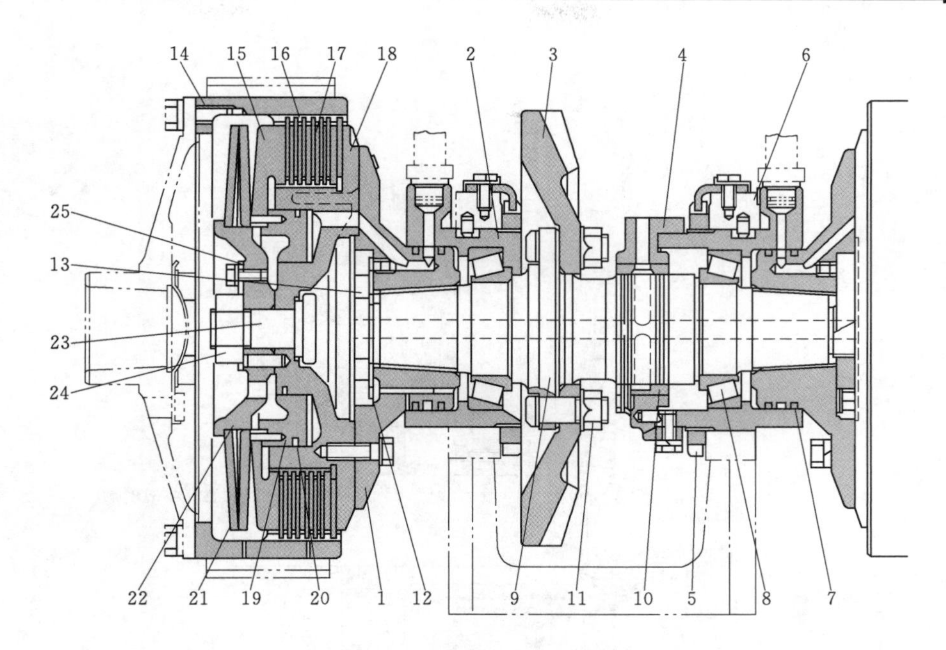

图 2.8 中央传动机构示意图

1—锥齿轮毂；2—轴承座；3—伞齿轮；4—法兰；5—调节螺母；6—帽；7，20—密封环；8—圆锥滚柱轴承；9—伞齿轮轴；10—衬套；11，13，24—螺母；12—锁板；14—制动鼓；15—压盘；16—摩擦片；17—齿片；18—内鼓；19—活塞；21—弹簧；22—法兰；23—螺栓；25—锁板

央传动及转向离合器、转向制动器等都安装在后桥箱腔内，如图 2.7 所示，中央传动由大伞齿轮（与变速箱输出齿轮 Q 啮合）、横轴、轴承座、轴承等组成。

一对锥齿轮的正确啮合，可以通过调节调节螺母及变速箱小锥齿轮总成与壳体间的调整垫来达到，可以通过检查齿册间隙及啮合印痕加以判断。一对螺旋锥齿轮标准间隙为 0.25～0.33mm，沿齿长方向的啮合印痕应不小于齿长的一半，且在齿长方向靠近小端（偏小端 30%）。高度应为齿高的一半。

转向离合器被安装在伞齿轮轴的两端，以控制车辆的行驶方向。这些离合器可切断从伞齿轮到终传动的动力传动，从而改变行驶方向。本机采用的是湿式、多片、弹簧压紧、液压分离式长啮合式的结构。转向离合器结构，主要由内外鼓、压盘、内外摩擦片、碟簧等构成的。在正常情况下，由于碟簧的作用，使内、外摩擦片结合，从横轴来的动力通过轮毂→内鼓→内齿片→外摩擦片→外鼓传递给最终传动驱动盘。

当拉转向杆时，转向控制阀来的压力油进入内鼓的内腔时，推动活塞向左运动，压缩碟簧，从而使内齿片与摩擦片之间的摩擦接合脱开，使外鼓停止传动，从而切断动力传递。当松开转向拉杆时，油压切断，压盘被碟簧压回到原来的位置，使摩擦片和齿片接合，实现动力传递。

（5）最终传动机构。最终传动采用了二级直齿轮减速机构，如图 2.9 所示，最终传动的作用是通过二级减速增大输出扭矩，同时，通过链轮将动力传递给行走机构。

（6）侧减速器机构。侧减速器机构为两级外啮合直齿传动，其结构如图 2.10 所示。

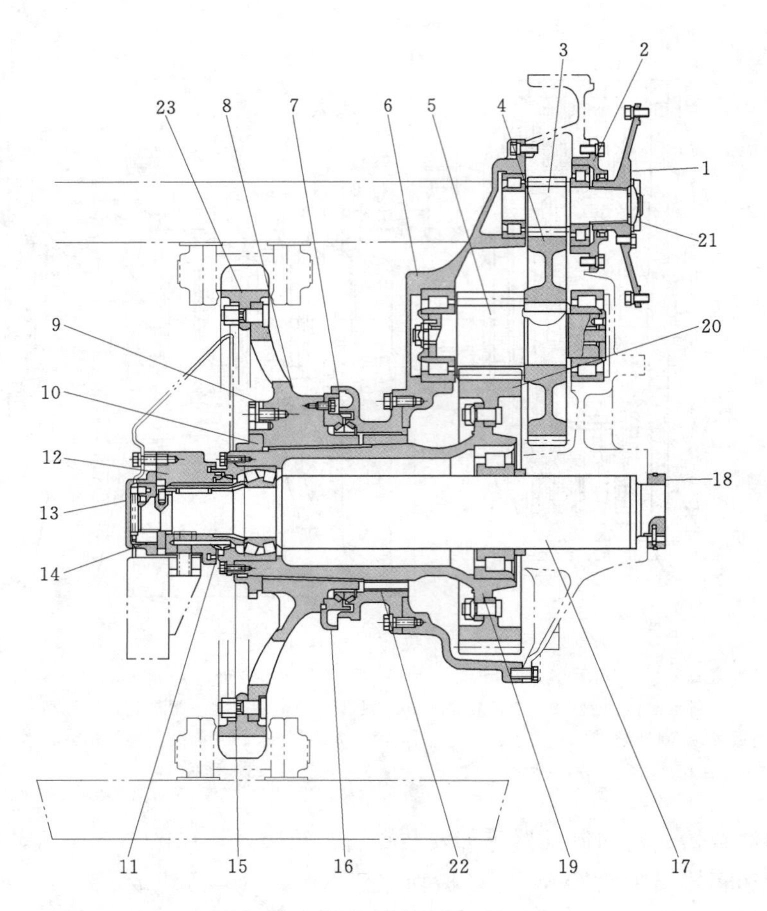

图 2.9　最终传动机构示意图

1—终传动法兰盘；2—轴承座；3—一级小齿轮轴（11 齿）；4—一级大齿轮（48 齿）；5—二级小齿轮（11 齿）；6—终传动外壳体；7—浮动密封；8—链轮毂；9—锁紧装置；10—链轮螺母；11—浮动密封；12—支承；13—盖；14，18，21—螺母；15—当圈；16—防尘罩；17—半轴；19—齿轮毂；20—二级大齿轮（42 齿）；22—加长套；23—链轮齿

其主要作用为减速增扭。

3. 制动系统

制动器由制动带和操纵机构组成，如图 2.11 所示，其作用为配合转向离合器使推土机急转向和坡道停车。

4. 转向系统

转向离合器主要由主动部分、从动部分、松放加压部分和操纵机构等组成，如图2.12 所示。其主要作用如下。

(1) 切断或减小一侧动力，机械以任意的转弯半径进行转向。

(2) 与制动器配合作原地回转。

5. 行驶系统

行驶系统由台车架、履带总成、引导轮、驱动轮、支重轮、托带轮和张紧装置构成，

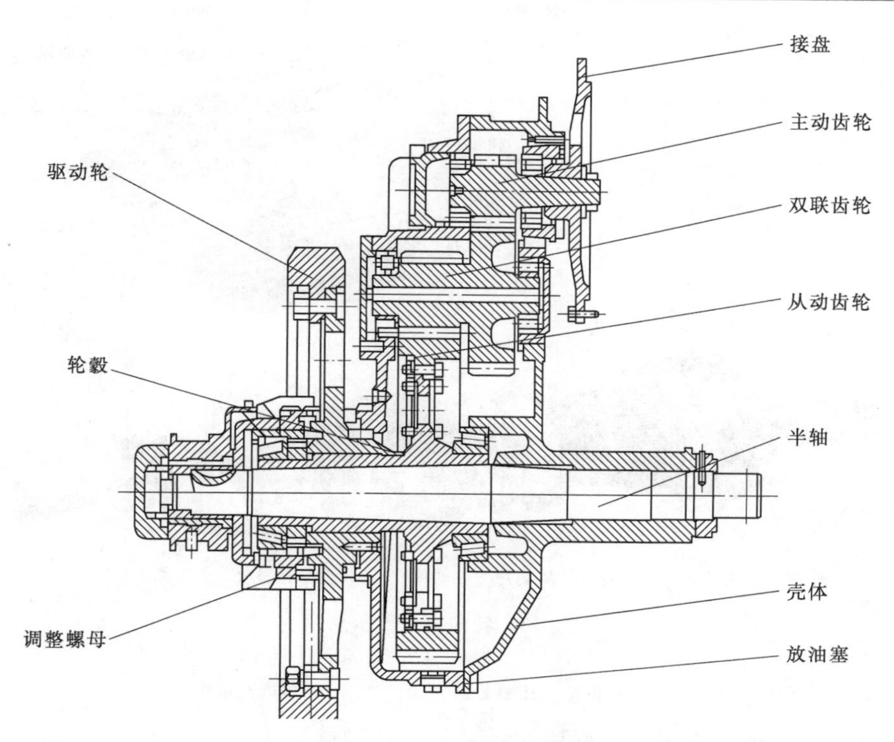

图 2.10　侧减速器示意图

如图 2.13 所示，其主要负责推土机的行驶和作业承重。

图 2.11　制动系统示意图

6. 液压系统

液压系统由两部分组成：工作装置液压系统和变速转向液压系统。

如图 2.14 所示，工作原理是齿轮泵从工作油箱内吸出工作油，将其泵入铲刀提升和倾斜控制阀（角铲仅有铲刀控制阀）。如不操作各工作装置，油液便经铲刀提升和倾斜控制阀、松土器控制阀（带松土器）至滤清器回工作油箱。若此时滤油器芯被堵塞，则油液推开滤油器安全阀而回工作油箱。如操纵铲刀提升和倾斜控制阀，则铲刀油缸，实现铲刀的上升、下降、保持、浮动及控制倾斜油缸，实现铲刀的左倾斜、右倾斜、保持。操纵松土器控制阀则控制松土器油缸，实现松土器的上升、下降、保持。在各控制阀前有进口单向阀以克服各工作机构环向时可能产生的点头冲击。为使倾斜油缸获得理想的运动速度，因而装置了流量控制阀为避免松土作业时，由于负荷过大而引起系统压力过高，装置了安全阀。在工作时，若负荷过大时，系统压力会短时超过调定压力 14MPa，此时主溢流阀开启，工作油经溢流阀回油箱，保护了系统。

图 2.12　转向离合器示意图

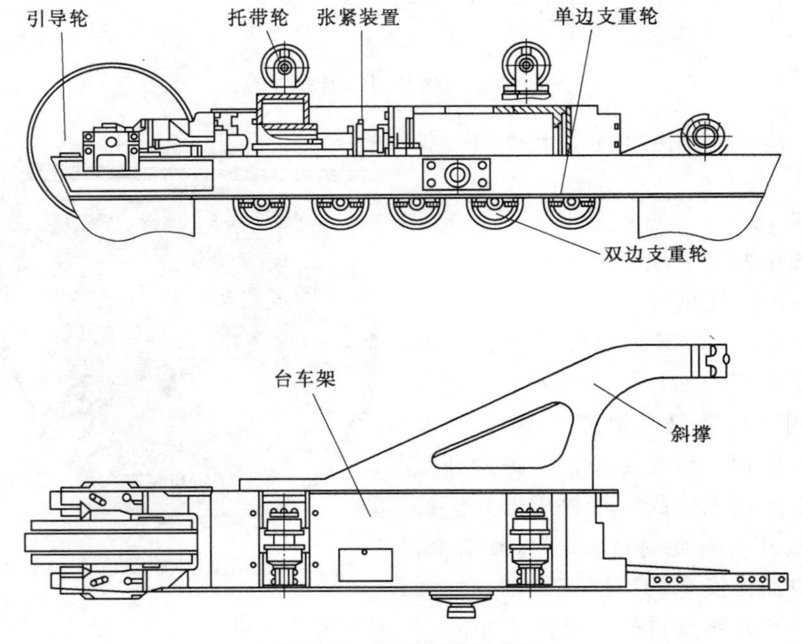

图 2.13　行驶系统示意图

7. 电气系统

推土机电气系统主要用于启动柴油机和照明，它是由启动电机、硅整流发电机、磁力开关、电压稳压器和两个 12V 蓄电池所组成。

以下为几点说明：

(1) 采用了较为先进的磁力开关和电压继电器，对于启动机和启动开关等组件具有良

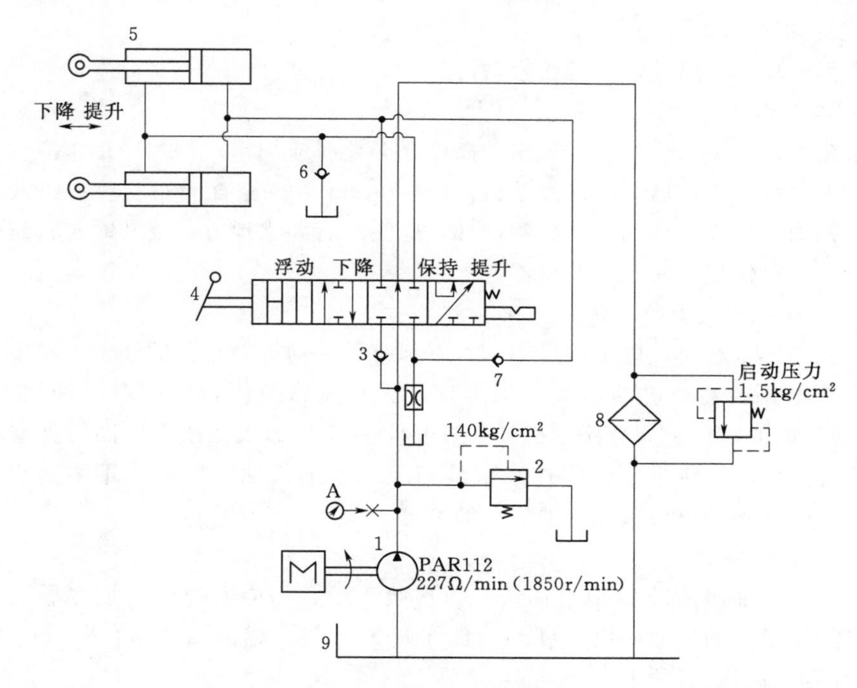

图 2.14　液压系统示意图

1—液压油泵；2—主溢流阀；3—单向阀；4—铲刀提升控制阀杆；5—铲刀提升油缸；6—缸头吸入阀；7—缸尾吸入阀；8—滤油器；9—液压油箱

好的保护作用。

（2）采用硅整流发电机，配有集成电路调节器。

（3）当启动开关处于“断开”位置时，蓄电池继电器可自动切断电源，以防止漏电。

（4）安装各电气组件插接器时应注意各联机的颜色、规格和位置，切勿插错。

（5）蓄电池更换时应使用同型号电池。如用容量小的蓄电池，在启动时会由于过载而损坏。每一次连续启动运行时间不要超过10s。在两次启动之间约需间隔2min。

2.3 设备使用操作

2.3.1 启动前检查

1. 检查漏油、漏水

在车辆四周巡视一下，看是否有漏油，漏水和异常现象，特别要注意高压软管接头液压缸，终传动、支重轮、托轮浮动油封处和水箱密封情况。如发现泄漏等异常情况，应立即修复。

2. 检查螺栓、螺母

检查易发生松动部位的螺栓、螺母的紧固程度，必要时应再拧紧。尤其是注意检查空气滤清器、托带轮支架及履带板螺栓。

3. 检查电路

电线有无损坏、短路及端子是否松动。

4. 检查冷却水位

拧开水箱盖，检查水位是否在规定的高度，必要时应加水。补加冷却水应在发动机停掉后进行，先注满水箱，然后启动发动机，空转5min后再检查。如发现水位低于规定高度，应继续补加。如果发现加水量异常增加，应注意有漏水地方，要及时进行解决。检查冷却水位时，不要仅仅依靠水位监视器。

5. 检查发动机油底壳的油位

在发动机停机状态时，取出油尺G，查看标有“发动机停止”的油位。在发动机空转状态时，应首先确定发动机油压表，水温计是否在正常范围，然后取出油尺G看标有“发动机空转”面的油位。如需添加机油，打开注油口F加入。使用机油的类型取决于环境温度。检查油位时，应将车辆停在水平地面上。添加机油时，油位不要高出“H”标记。检查油位时，不要仅仅依靠机油油位监视器。

6. 检查燃油油位

打开油箱盖，抽出油尺G检查油位。每次收工后，均应通过滤网加注燃油。推土作业时，务必加注足量的燃油，以免燃油管路中进入空气。燃油箱容量：300L。加注燃油时，不要使燃油溢出，以免火灾。

7. 检查转向离合器箱油位（包括变速箱、变矩器）

用油尺G检查油位，若需要，应通过滤网F添加。使用润滑油类型取决于环境温度，检查油位时应停止发动机。在超过20°的斜坡上工作时，油位应在H（高）位。燃油箱排出杂质拧松燃油箱底部的阀，排出燃油中的水分及沉淀物。

8. 检查制动踏板行程

在发动机低速运转时，标准行程为90～110mm（操纵力为15kg）。

2.3.2　启动

（1）启动前，将主离合器分离、变速杆和进退操纵杆放在空挡位置、燃油调整杆放在低速或不供油位置、减压杆放在减压位置。

（2）电钥匙插入到锁内，并按顺时针方向扭动到“启动”位置，发动机启动后。

（3）当即将电钥匙逆时针扳到“运转”位置。拉起减压杆（如果装有的话）并按下启动机按钮或将钥匙开关转到开关转到“启动”位置上，转动。

（4）如果第一次启动未成功，应等2min，使蓄电池恢复能力后，再第二次启动（按下启动按钮的时间不宜超过15s）。

（5）寒冷气候下启动应先预热，使用预热器应将电热塞拨动开关转到“开”的位置上，红色指示灯应亮。20s以后启动发动机，也可在无计量设备的情况下使用启动液。发动机启动后，应经5min以上的无负荷“预热运转”（冬季时间应更长些），使油温上升到工作范围内后，再起步行驶。起步前，踏进制动踏板，放开制动锁杆。

（6）使发动机在低速运行，直到发动机机油，压力在正常区域内，拉油门操纵杆，使发动机在中速空转约5min，发动机在怠速或者高速运转的时间不要超过20min。如果需要发动机空转，要不时得加一些负荷，或者把发动机转速提高到中速范围。发动机升温之后，检查各仪表是否正常。使发动机继续在低负荷下运行时，水温升高，水温在74～91℃之间是最理想的。检查排气颜色是否正常，是否有异常响声或震动。让其升温之前，要避免突然加速。如果发动机机油压力不在正常范围内，应立即停止发动机检查故障源。

（7）放下铲刀通常在推土机到达取土地点前瞬间进行，以便铲刀易于切入土中和节省下铲的时间。

2.3.3 操作

1. 行走

（1）调整驾驶员座椅。

（2）系紧座椅安全带。

（3）启动及预热机器。

（4）升起动臂以提供足够的离地间隙。

（5）利用行驶速度控制开关选择要求的行驶速度。

（6）在开动机器之前，应清楚知道上部结构和行走装置的位置。推土机铲刀在机器的前部。如果推土机铲刀在机器的前部，行驶操纵杆将正常工作。如果推土机铲刀在机器的后部，行驶操纵杆将向后操作。

（7）顺时针转动发动机转速旋钮以提高发动机转速到要求的速度。

（8）要向前行驶时，将两个行驶操纵杆同时向前推。如果将两个行驶操纵杆进一步向前推，在选定的发动机转速下行驶速度将会加快。

（9）在松软的物料上转向时，应不时地向前行驶以便清理履带。

（10）缓慢地将两个行驶操纵杆移到中央位置，以停止机器。

2. 作业

（1）将铲刀降到地面上，以确保挖掘时，机器更稳定。

（2）将斗杆置于与动臂成90°角的位置。

（3）将铲斗刀刃放置到与地面成120°角。铲斗此时可发挥最大的破裂力。

（4）向驾驶室方向移动斗杆并保持铲斗与地面平行。

（5）如果斗杆由于负载而停止移动，则可提升动臂和/或卷动铲斗来调整铲切深度。

（6）为在铲刀刃上施加最大的力，当向驾驶室移动斗杆时应减小向下的压力。

（7）使铲斗保持能使物料不断流入铲斗的姿势。

（8）铲斗以水平方向连续行进以使物料剥离而进入铲斗中。

（9）行程完成后将铲斗向内转并升起动臂。

（10）铲斗结束挖掘工作时，接合回转操纵机构。

（11）卸料时将斗杆外伸并平稳地张开铲斗。

2.3.4 作业过程

作业过程包括铲土、运土、卸土、回驶。

1. 铲土

当推土机铲刀已切入土中，并向前行驶时，铲刀前的土壤即被掘取。操纵铲刀作上下运动，则由于两种联合运动的结果使铲刀行进挖取土壤（过松土壤和散砂除外）。

当挖土过程中遇到硬土或树根，发动机有超载趋势时（发动机转速急剧下降，排气带黑色、喘息急），应稍微提升铲刀。这样一来，由于机械的行进在铲刀后遗留下一个不平坦的地段（即形成一个土波浪），而当推土机履带跨上这一土波浪时，履带和铲刀必将抬高，这样便又形成另一更高的土波浪。所以当铲刀被提升后瞬间要立刻将铲刀稍微降下一些。这样反复升降数次，稳定铲刀的挖土深度，才能保持挖土地区的平整轮廓。

铲刀切入土中深度过大，致使行进中无法提升时，则应操纵离合器杆或踩下离合器踏板，使离合器分离，保证发动机不因过载而熄火。随后将变速杆放入空挡，操纵离合器杆或放开离合器踏板，使主离合器接合，再提升铲刀，如图 2.15 所示。

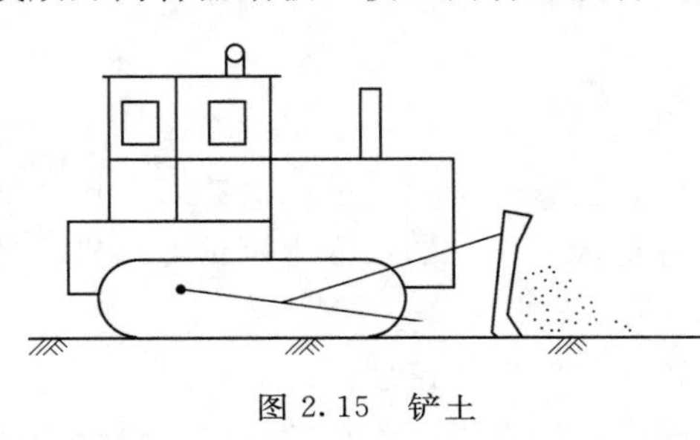

图 2.15　铲土

2. 运土

推土机的运土工序是在挖土工序之后，将土运到卸土地点的作业。推土机在运土过程中，应该经常使铲刀达到满载负荷，但是松散土壤易从铲刀两侧溢漏，因此运土时往往要进行一些挖土工作，或者在操作技术和方法上采取措施，防止土壤漏失，提高推土机的生产效率。

在运送过程中，驾驶员应观察铲刀侧面溢漏土壤的情况，以此来判断铲刀的满载与否，决定铲刀的升降动作，如果看不见漏失，应将铲刀下降一些，如果漏失土壤很多，应提升一些，但必须注意：升降动作应缓慢进行，绝对避免急剧升或降，这样才能使推土机的运土路线保持平坦，不致影响下一次的运土工作，如图 2.16 所示。

3. 卸土

当推土机运土到达卸土地段时，只要把铲刀提升即可把土壤卸于填土处。如果铲刀提升得少些和行驶较长卸土地段，能把土壤撒铺得很均匀，而且推土机的履带在薄层的土壤上驶过时能把它压得很结实，这样填方可达到分层压实的效果，如图 2.17 所示。

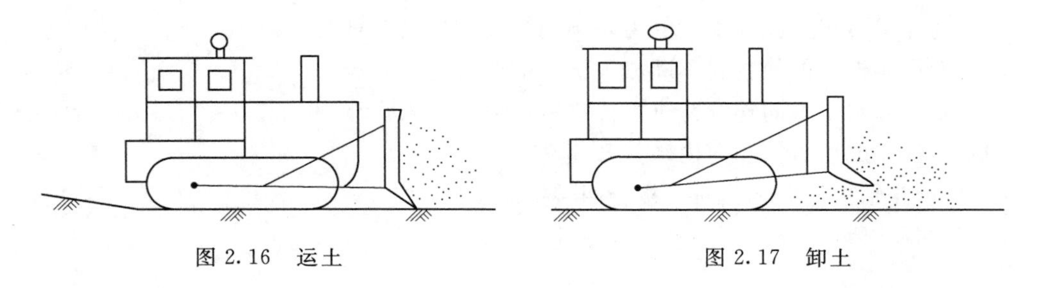

图 2.16　运土　　图 2.17　卸土

4. 回驶

将铲刀提升到合适的高度，并回驶到取土处。

2.3.5 作业方式

1. 铲土作业方式

(1) 直线式铲土（图2.18）。

特点：推土机在作业过程中，铲刀保持近似同一铲土深度，作业后的地段呈平直状态的铲土方法，又称等深式铲土。

缺点：铲土路程较长，铲刀前不易堆满土壤，发动机功率不能被充分利用，作业效率较低。

优点：能在各种土壤上有效作业；多用于作业的最后几个行程，以使作业后的地段平坦。

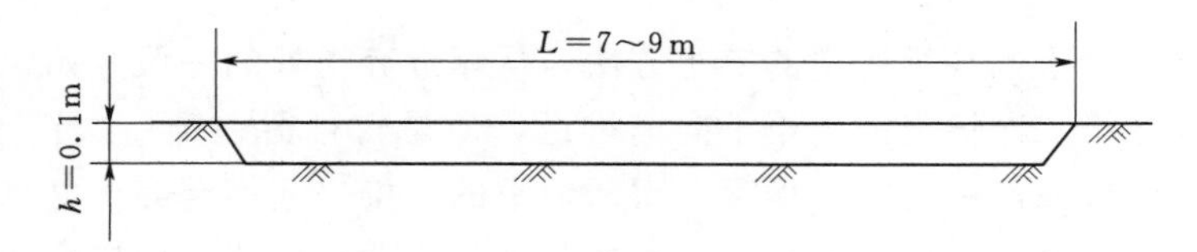

图2.18 直线式铲土

(2) 波浪式铲土（图2.19）。

特点：开始时尽量使铲刀入土至最大深度，当发动机超负荷时，再逐渐升起铲刀至自然地面；待发动机运转正常后又下降铲刀进行铲土，经多次降落与提升，直至铲刀前积满土壤为止。

优点：波浪式铲土适于在Ⅱ级、Ⅲ级土壤上作业时使用。此种铲土方法，铲土距离较短，作业效率比直线式铲土高。

缺点：铲刀频繁的升降，会加重操纵装置及工作装置的磨损。

(3) 楔式铲土。

特点：首先使铲刀迅速入土至最大深度，而后根据发动机负荷和铲刀前的积土情况，逐渐提升铲刀，使铲刀一次入土就能铲满土壤而转入运土（图2.20）。

优点：铲土方法，铲土路程最短，能充分发挥发动机功率，作业效率高；适于在稍潮湿的Ⅰ级、Ⅱ级土壤上使用。

缺点：对场地破坏较大，对后续作业有影响。

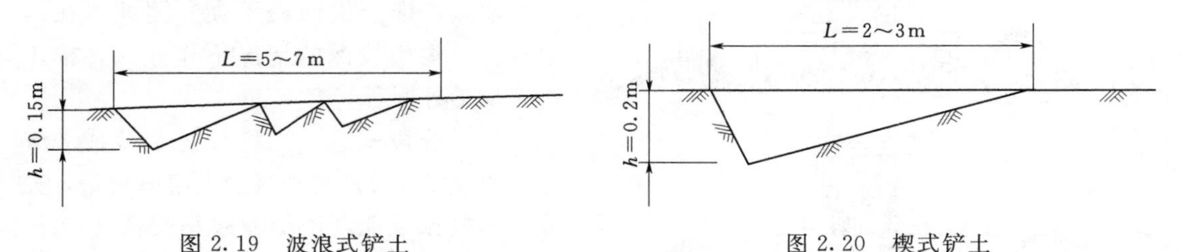

图2.19 波浪式铲土　　图2.20 楔式铲土

(4) V形槽式铲土。推土机铲土横断面为V形的铲土方法。适于开挖道路边沟或其他V形沟槽（图2.21）。

图 2.21　V形槽式铲土

(5) 接力式铲土。

特点：是分次铲土，叠堆运送的铲土方法。从靠近弃土处的一段开始铲土，第一次将土壤运至弃土处；第二次铲出的土壤不向前推送，而是暂且留在第一次铲土时的开挖段；第三次把所铲的土壤向前推运时，把第二次所留下的土堆一起推至弃土处（图 2.22）。

优点：这种铲土方法，适用于土质坚硬的条件下作业，可明显地提高作业效率。

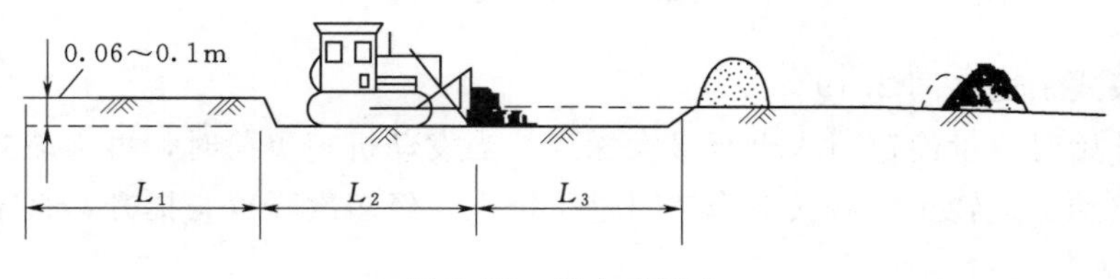

图 2.22　接力式铲土

2. 运土方式

运土时，既要防止松散土壤从铲刀两侧流失过多，又不应经常利用铲土来使铲刀满载，以影响运土的行驶速度。

运土方式有：堑壕式运土、分段式运土和并列式运土。

(1) 堑壕式运土。推土机在土垄或沟槽内移运土壤的方法，又称槽式运土。土垄或沟槽是推土机每次运土都沿同一条路线行进而逐渐形成的（图 2.23）。

图 2.23　堑壕式运土

优点：是可减少运土过程中的土壤漏失，提高工效约 15%～20%。

缺点：推土机回程不便。因此，在运距较长、沟槽较深的情况下作业时，推土机多从槽外回程。

(2) 分段式运土。将长运距分成 30m 左右的数段，可避免和减少土壤漏失量，充分发挥机械效能，使作业效率提高 10%～15%。但是，分段不宜过多，否则会因增加阶段转换时间而降低工效（图 2.24）。

分段式运土，适用于运土路线需改变

方向，或运距较大时使用。

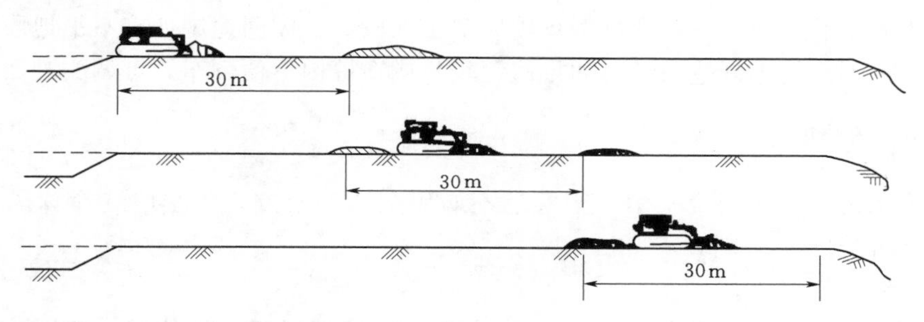

图 2.24 分段式运土

(3) 并列式运土。两部以上同一类型推土机，用同一速度并排向前运土的作业方法，又称并肩式运土。采用这种方法运土，推土机两铲刀间隔在黏土地约为 30cm，在沙土地约为 15cm（图 2.25）。

可以减少铲刀两侧土壤的漏损，在 50～80m 的运距内运送土壤时，能提高工效 15%～20%。并列式运土适用于运土正面宽、运土量大、操作手的操作技术水平较高的情况下。

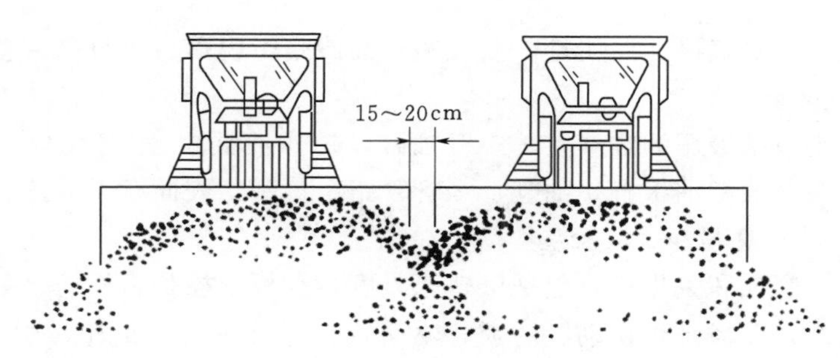

图 2.25 并列式运土

3. *卸土方式*

根据工作性质不同，卸土一般采用平铺卸土和堆积卸土两种方法。

(1) 平铺卸土。作业方法：使铲刀抬起适当的高度，在行进过程中将卸出的土壤以相应的厚度平铺于地面。此种作业方法能较好地控制铺土厚度，利于以后的压实作业，适用于平整作业和铺散路面材料时应用（图 2.26）。

(2) 堆积卸土。作业方法：到达卸土点后，迅速提升铲刀将土卸出。此种作业方法，卸土速度快，土壤集中，对操作手的技术要求不高，适用于在填塞壕沟、弹坑时应用（图 2.27）。

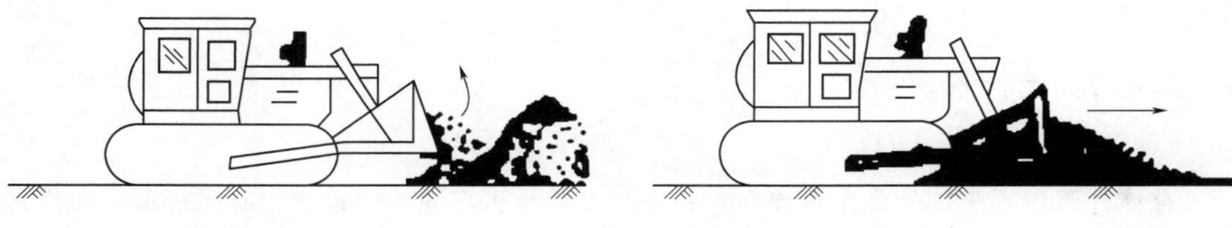

图 2.26 平铺卸土　　图 2.27 堆积卸土

4. 回程

推土机卸土后，应以较高速度倒行驶回铲土地段。在驶回途中如有不平地段，可放下铲刀拖平，为下次运土创造条件。如果回程较长或在壕内不便倒车，可调头驶回取土点。

2.3.6　停机

（1）推土机停放在安全平坦、坚实且不妨碍交通的地方，冬季应选择背风向阳的地方，将发动机朝阳。

（2）将铲放下着地。

（3）熄火前应让发动机怠速5min，熄火后把变速杆置于空挡位置，把制动杆、安全锁杆置于锁住位置。

2.4　设　备　管　理

2.4.1　日常管理

1. 外观检查

外观检查包括车身磕碰、照明灯、后视镜、油漆是否脱落、车身是否整洁。

2. 油水泄漏检查

油水泄漏检查包括液压油缸（大、小臂油缸，铲斗油缸），车身底板、车下有无漏油漏水，各滤芯接头漏油渗油检查，油管、水管管路、接头，表面有无油迹。

3. 零部件松动、磨损和丢失检查

零部件松动、磨损和丢失检查包括链轨张紧度，链板螺栓是否松动、丢失，链板是否磨损、弯曲、断裂，斗齿是否松动、磨损，驱动轮、托链轮、支重轮、引导轮磨损检查，推土铲、提升油缸检查，其他紧固件松动、丢失检查。

4. 油位、水位检查

油位、水位检查包括发动机润滑油检查、冷却液检查、液压油位检查、柴油、油水分离器。

5. 发动机仓内检查

发动机仓内检查包括皮带松紧（发电机、空调压缩机、风扇），发电机、启动电机连线，散热器。

6. 电瓶、电瓶连线检查

电瓶、电瓶连线检查包括电瓶开关是否打开、电瓶外观有无破损、电瓶连线有无松动。

2.4.2　运行管理

1. 整体检查

整体外观包括整体外观是否损坏，各部分安装是否牢固、螺栓螺帽有无松动，附件是否齐全、有无遗失损坏，各仪表操纵手柄有无连接松动损坏。

2. 试运行检查

试运行检查包括查看全车、工作装置，及底盘有无液体泄漏，轮胎胎压是否满足要求，机油、燃油、冷却液是否充足，电瓶桩头松紧度是否合适，未启动时电瓶电压是否达到要求，发动机能否正常启动、倾听有无异响，检查刹车灯、警示灯、转向灯是否正常，两侧的灯光是否对称，灯罩内是否有雾气。

3. 运行检查

运行检查包括运行时间记录、发动机油压是否正常、变矩器油温是否正常、水温表显示是否处于正常值、发动机转速是否处于正常值、铲刀操作是否正常、松土器操作是否正常。

4. 停机检查

停机检查包括工作装置是否放平于地面、铲刀和松土器控制杆的闭锁按钮是否按下、各手柄是否均放在中间位置、是否已切断电源、电门钥匙是否拔出、车门是否已锁好。

2.4.3 检修维护

1. 每日检修

每日检修部位见表2.1。

表2.1 每日检修部位

序号	部位	方式
1	检查漏油、漏水	检查
2	检查螺栓、螺母	检查及拧紧
3	检查电路	检查及补充
4	检查冷却水位	检查及补充
5	检查发动机油壳油位	检查及补充
6	检查燃油油位	检查及补充
7	检查转向离合器油位	检查及补充
8	燃油箱排除杂质	放出水及沉积物
9	检查灰尘指示器	检查清理空气滤芯
10	检查制动踏板行程	检查及调整

2. 每月检修

每月检修部位见表2.2。

表2.2 每月检修部位

序号	部位	方式
1	燃油滤清器	更换滤筒
2	转向离合器（包括变速箱和变矩器）	换油和清洗粗滤器
3	工作油箱及滤清器	换油和更换滤芯
4	终传动箱	换油

续表

序号	部　　位	方　　式
5	发动机气门间隙	检查和调整
6	润滑（检查下列部位润滑及加注黄油）	
	风扇及皮带轮	1 处
	张紧轮及张紧轮托架	2 处
	支撑臂丝杆	直倾铲 1 处角铲 2 处
	油缸支架轴	2 处
	油缸支架轭	4 处
	倾斜油缸球铰	直倾铲 1 处
	支撑臂球铰	直倾铲 1 处
	臂球铰	3 处
	斜臂球铰	2 处
	松土器各铰接头	18 处
7	发动机油底壳及滤清器	放油及更换滤芯
8	变速滤油器和转向滤油器	更换滤芯
9	终传动箱	检查油位及补充
10	工作油箱	检查油位及补充
11	发电机驱动皮带	调整张紧力
12	水泵驱动皮带	调整张紧力
13	蓄电池电解液	检查液位
14	燃油箱底部粗滤器	清洗

3. 每季度检修

每季度检修部位见表 2.3。

表 2.3　　每季度检修部位

序号	部　　位	方　　式
1	燃油滤清器	更换滤芯
2	通气帽	清洗
3	风扇皮带	调整张紧力
4	润滑（检查下列部位润滑及加注黄油）	
	万向节	8 处
	斜撑臂	2 处
	引导轮涨紧杆	2 处
5	水箱散热片	检查和清理
6	转向离合器箱	换油、清洗粗滤芯
7	终传动箱	换油

续表

序号	部　位	方　式
8	工作油箱和滤清器	换油、换滤芯
9	行走部分	检查及加润滑油
10	涡轮增压器	检查转子游隙
11	防腐蚀器	更换滤筒

4. 每年检修

每年检修部位见表2.4。

表2.4　　每年检修部位

<table>
<tr><th>序号</th><th>部　位</th><th>方　式</th></tr>
<tr><td rowspan="3">1</td><td colspan="2">润滑（检查下列部位润滑及加注黄油）</td></tr>
<tr><td>平衡梁轴</td><td>1处</td></tr>
<tr><td>制动踏板</td><td>5处</td></tr>
<tr><td>2</td><td>发动机曲轴箱通气帽</td><td>清洗</td></tr>
<tr><td>3</td><td>涡轮增压器</td><td>清洗</td></tr>
<tr><td>4</td><td>气门间隙</td><td>检查和调整</td></tr>
<tr><td>5</td><td>发动机减震器</td><td>检查或更换</td></tr>
</table>

5. 每两年检修

每两年检修部位见表2.5。

表2.5　　每两年检修部位

序号	部　位	方　式
1	空气滤清器	清理或更换
2	冷却系统	清洗内部和更换冷却液
3	履带张紧度	检查和调整
4	履带螺栓	检查和拧紧
5	刀角、刀片	翻转或更换

6. 需要时检修

需要时检修部位见表2.6。

表2.6　　需要时检修部位

序号	部　位	方　式
1	水泵	检查皮带轮松动漏水
2	风扇皮带轮和张紧轮	检查是否松动

2.5 常见故障及排除

2.5.1 发动机

发动机故障及解决办法见表2.7。

表2.7 发动机故障及解决办法

序号	问题描述	解决办法
1	当发动机转速升高时，机油压力低于正常值	(1) 加机油至规定的油位； (2) 更换机油滤清器滤芯； (3) 检查管路和接头处有无漏油
2	有蒸汽从水箱顶部（压力阀处）喷出	(1) 加冷却水，并检查是否漏水； (2) 调整风扇皮带张紧度； (3) 清洗冷却系统内部； (4) 清洁或修理水箱散热片； (5) 更换节温器； (6) 牢固拧紧水箱盖或更换其密封垫
3	水温高于100℃	(1) 更换节温器； (2) 检查水温传感器； (3) 检查水温表、水温传感器
4	启动马达转动，但发动机不启动	(1) 加燃油； (2) 检查空气进入燃油系统的地方； (3) 校正或更换油泵和油嘴； (4) 检查气门间隙； (5) 启动马达转速低（参考电气部分）
5	排气呈白色或蓝色	(1) 按规定调整油底壳油量； (2) 更换指定的燃油； (3) 检查增压器是否漏油
6	排气呈黑色	(1) 清理空气滤芯； (2) 更换油嘴； (3) 清理或更换增压器
7	不正常的燃烧噪声或机械噪声	(1) 更换指定的燃油； (2) 检查发动机是否过热； (3) 更换消声器； (4) 调整气门间隙

2.5.2 电气系统

电气系统故障及解决办法见表2.8。

表 2.8　电气系统故障及解决办法

序号	问题描述	解决办法
1	发动机高速运转时，灯变暗。发动机运转时，灯闪烁	(1) 检查端子有无松动及线路有无断开； (2) 调整发电机皮带张紧度
2	发动机高速运转时，电压表指示不充电（不在绿色区域内）	(1) 检查发电机； (2) 检查修理线路
3	发电机有异常响声	更换发电机
4	启动钥匙拨到启动位置时，马达不转动	(1) 检查修理线路及继电器； (2) 给蓄电池充电； (3) 更换启动马达
5	启动马达小齿轮时进时出	给蓄电池充电
6	启动马达小齿轮转速低	(1) 给蓄电池充电； (2) 更换启动马达
7	启动马达在发动机未启动前脱开	(1) 检查修理线路； (2) 给蓄电池充电
8	在发动机停止［启动开关位于“ON”（开）位置］时，发动机机油压力表不在零位	(1) 更换机油压力传感器； (2) 检查修理线路

2.5.3　底盘

底盘故障及解决办法见表2.9。

表 2.9　底盘故障及解决办法

序号	问题描述	解决办法
1	变矩器油压不上升（车辆不能起步）	(1) 检修油管或管接头漏气处； (2) 检修或更换齿轮泵； (3) 向变速箱中加油； (4) 清洗并更换变速箱滤清器
2	液力变矩器过热	(1) 张紧或更换风扇皮带； (2) 参考发动机部分； (3) 参考变矩器油压不上升部分； (4) 清洗或更换油冷器
3	变速杆放在任一挡位，车辆不能起步	(1) 向转向离合器箱里加油； (2) 参考液力变矩器油压不上升部分； (3) 检修或更换齿轮泵； (4) 清洗油滤器
4	当拉一侧转向杆时，机车继续向前行而不转弯	调整制动器
5	当制动踏板踏下时，车辆不停	调整制动器
6	履带脱轨	(1) 链轮异常磨损； (2) 调整履带张紧度
7	铲刀上升太慢，或完全不上升	向工作油箱加油

第3章

装　载　机

3.1　设　备　概　述

装载机是一种中大型、多用途和高效率的工程机械，配有抓具、铲斗、铲叉等多种工作装置，适用于防汛抢险中木桩、土方等防汛物资的装卸及运输。在特定条件下满足推土、平地、起重、牵引等防汛作业要求。本章以轮式装载机为例进行阐述。

3.2　基　本　结　构

3.2.1　整体图示

装载机示意图如图3.1所示。

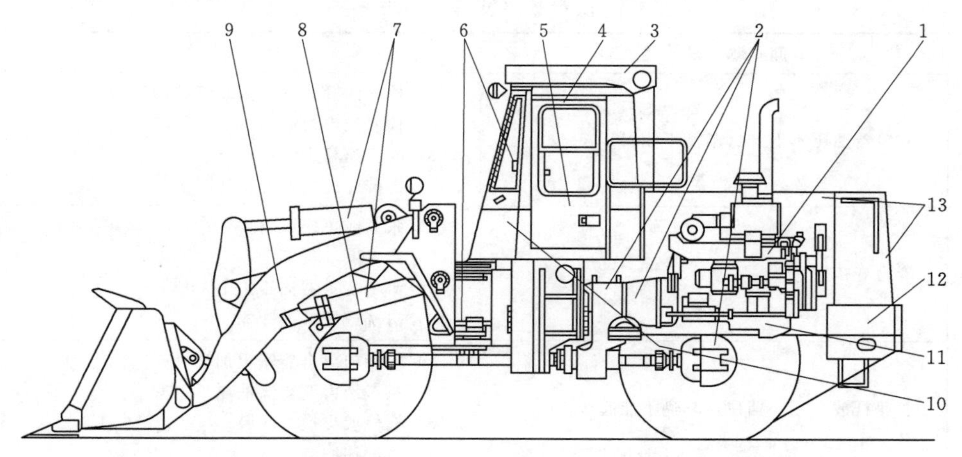

图3.1　装载机示意图

1—柴油机；2—传动系统；3—防滚翻与落物保护装置；4—驾驶室；5—空调系统；6—转向系统；7—液压系统；8—前车架；9—工作装置；10—后车架；11—制动系统；12—电器仪表系统；13—覆盖件

3.2.2　主要结构

装载机主要由动力装置、车架、行走装置、传动系统、转向系统、制动系统、液压系统和工作装置等组成。

1. 发动机

装载机大多采用具有加深的油底壳和双级机油泵，风扇为排风式的柴油机。外形如图 3.2 和图 3.3 所示，此结构可以保证柴油机在纵倾 30°，横倾 25°时正常工作。发动机用 8 只螺栓固定在后车架上。

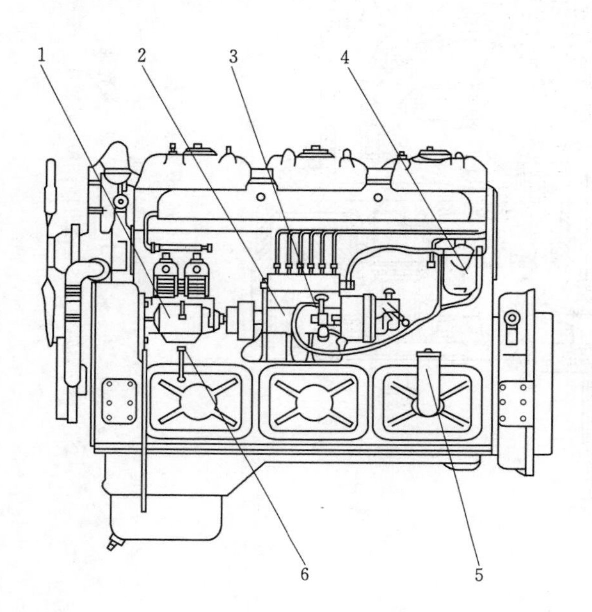

图 3.2　发动机进气侧

1—压气泵；2—喷油泵；3—供油泵；4—燃油滤清器；5—机油加油孔；6—油尺

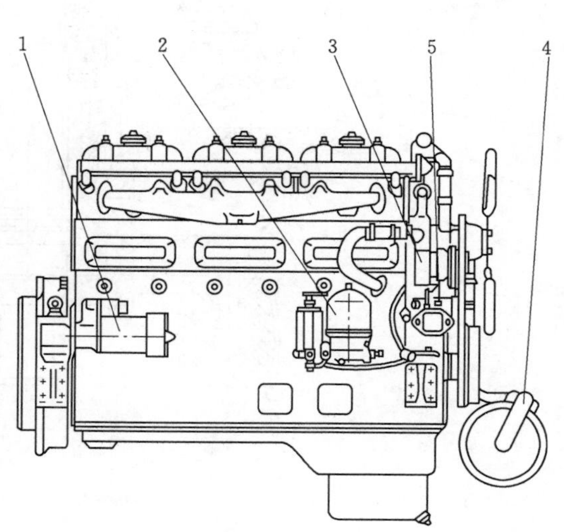

图 3.3　发动机排气侧

1—启动发达；2—机油滤清器；3—发电机；4—机油冷却器；5—水泵

2. 传动系统

装载机的动力传递路线：发动机→液力变矩器→变速器→传动轴→前、后驱动桥→轮边减速器→车轮，如图 3.4 所示。

(1) 液力变矩器。液力变矩器主要由泵轮、导轮、涡轮、泵壳等零件组成（图 3.5），3 个工作轮（泵轮、涡轮、导轮）均装在充满油液的泵壳中，各叶轮上的弯曲叶子均用铝合金与叶轮整体铸成，泵轮用螺栓与泵壳连接，泵壳上的外齿与齿圈啮和，齿圈用螺栓固定在发动机飞轮上，涡轮用花键套在涡轮轴上，而导轮用螺栓与导轮座联结，导轮座与箱体相连，固定不动。

工作时液力变矩器的 3 个工作轮的叶片组成一个封闭的循环油路，从发动机传来的功率、经齿圈、泵壳传至泵轮，工作油液进入泵轮后，由于泵轮旋转，油液因离心力作用，顺着泵轮叶片向外流动，从泵轮外缘出口处流出进入涡轮，冲击涡轮叶片，使涡轮转动，从而带动涡轮轴旋转，输出动力。油液流经涡轮后再冲向导轮，由于导轮是固定的，它便给予工作油液以一定的反作用力矩，这个力矩与泵轮给予工作油液的力矩合在一起，全部传给了涡轮，因此从涡轮所获得的力矩便大于发动机输入的扭矩，这样便起到了增大扭矩

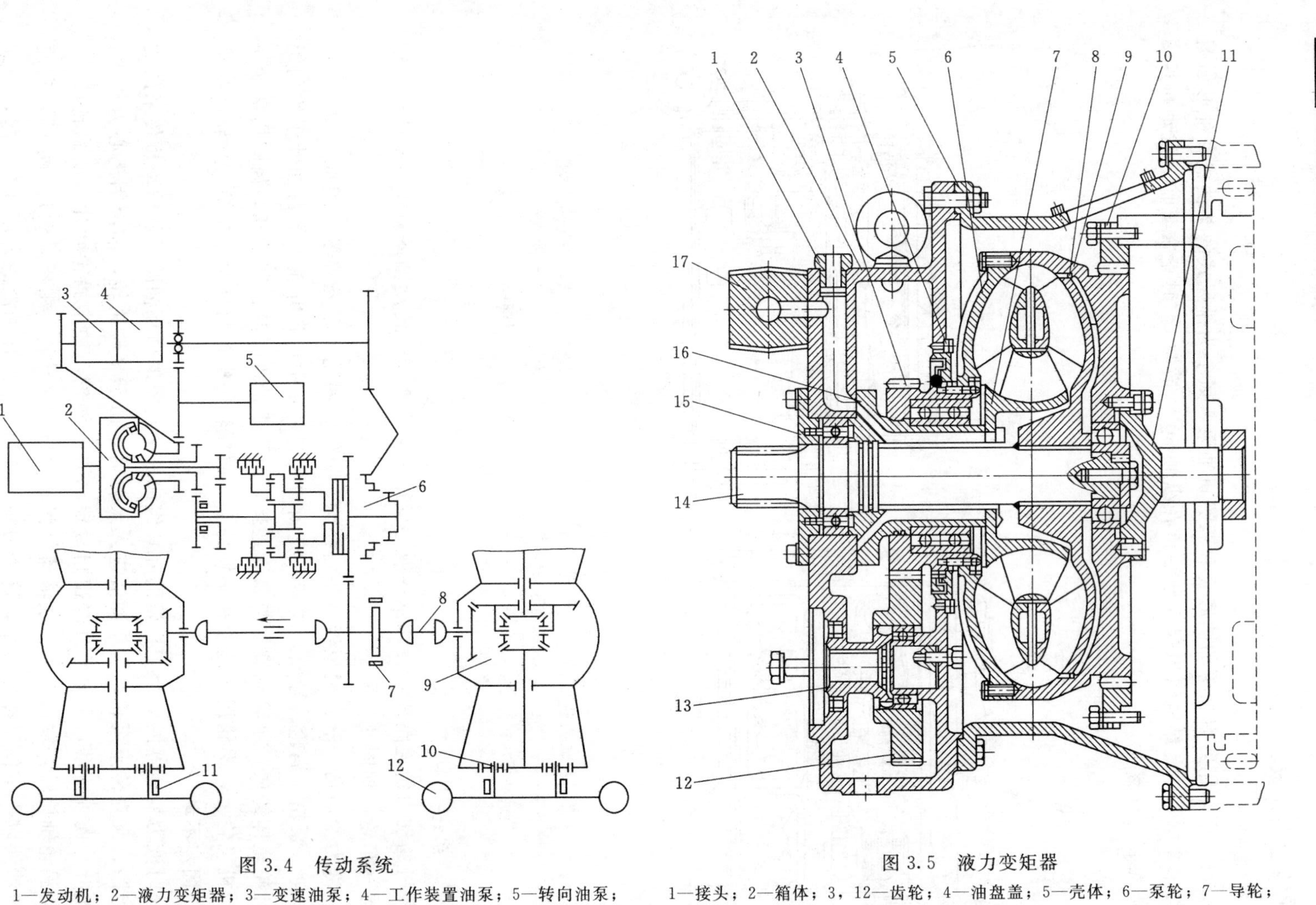

图 3.4 传动系统

1—发动机；2—液力变矩器；3—变速油泵；4—工作装置油泵；5—转向油泵；6—变速器；7—手制动；8—传动轴；9—驱动桥；10—轮边减速器；11—脚制动器；12—轮胎

图 3.5 液力变矩器

1—接头；2—箱体；3，12—齿轮；4—油盘盖；5—壳体；6—泵轮；7—导轮；8—涡轮；9—泵壳；10—齿圈；11—泵壳轴；13—联结套；14—涡轮轴；15—油封环；16—导轮座；17—回油阀即变短的作用，使装载机可以根据道路状况和铲装时阻力的大小，自动改变速度和牵引力以适应各种情况。

（2）驱动桥。从变速箱输出轴传出的动力，经过前后传动万向节轴传到前后驱动桥，驱动车轮。前传动轴、后传动轴采用工程机械专用键块传动轴，主转动轴的主要零件是采用汽车的通用件。由于转向的需要，前后传动轴上均有一个伸缩传动轴。

本章采用四轮驱动为例，结构如图 3.6 所示。前后桥结构及作用基本相同，前桥用 8 只螺栓固定在前车架上，后桥则用 8 只螺栓安装在摆架上，可以摆动±15°。这样装载机在凹凸不平的地面行驶时，也能保持四轮着地，发挥最大驱动力。前后桥是由桥壳、带差速器的主传动器、轮边减速器和轮胎、轮边制动器等主要部件组成。

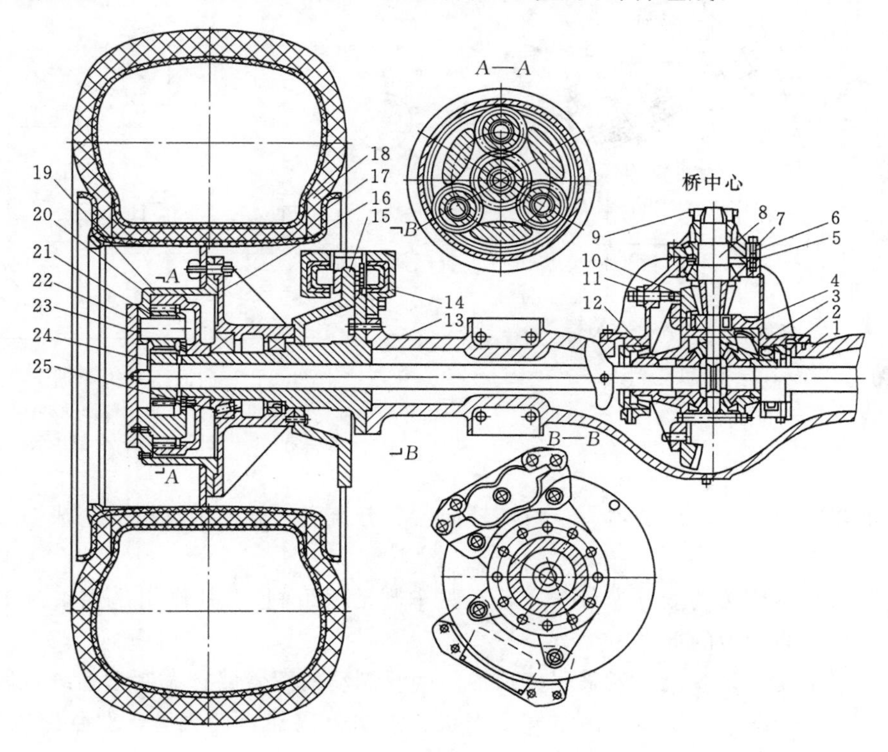

图 3.6　驱动桥示意图

1—桥壳；2—调整螺母；3—托架；4—差速器；5—调整垫；6—轴承座；7—压盖；8—主动螺旋伞齿轮；9—法兰盘；10—大螺旋伞齿轮；11—止推螺栓；12—半轴；13—轮边支承轴；14—制动器总成；15—制动盘；16—轮壳；17—轮辋总成；18—轮胎；19—行星轮架；20—内齿圈；21—行星齿轮；22—盖板；23—行星轮轴；24—太阳轮；25—太阳轮垫

3. 转向系统

轮式装载机常用的转向方式为全液压铰接车架转向，其结构为前后车架由两只铰销相连，操纵转向加力器中的转向分配阀，使油泵将油液泵出后，油液压入油缸中的任一油腔，而另一油腔回油；油压力使前后车架相对销轴偏转而实现整机的转向，如图 3.7 所示，其转向原理如图3.8所示。

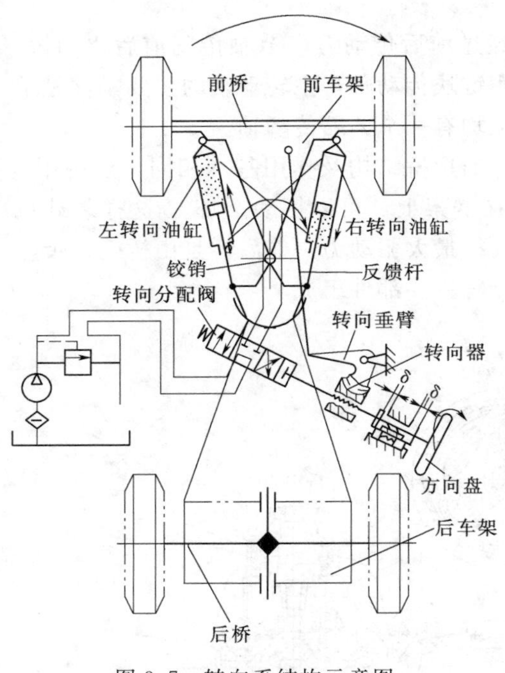

图3.7　转向系结构示意图

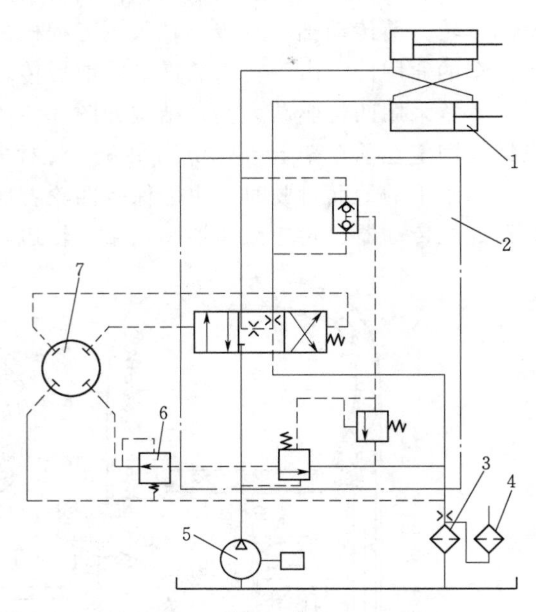

图3.8　转向液压系统原理图

1—转向油缸；2—流量放大阀；3—精滤油器；4—散热器；5—转向泵；6—减压阀；7—全液压转向器

系统由转向液压泵、滤油器、全液压转向器、分流阀、转向液压缸等组成。

4. 制动系统

装载机制动系统按功能分为行车制动和驻车制动（手刹），其作用是用来产生阻碍车辆运动或运动趋势的力的部件。

（1）行车制动。装载机一般采用气顶油、四轮制动的双管路行车制动系统，属于气液混合方式控制，如图3.9所示。由空气压缩机、油水分离器、储气筒、双管路气制动阀、加力器和钳盘式制动器等组成。

（2）驻车制动。装载机驻车制动要求为保证装载机在原地可靠驻车不自动滑行，其主要由手制动操纵杠杆、拉杆、锁止装置、绳索、驻车制动器等部分组成，如图3.10所示。

5. 工作装置

轮胎式装载机工作装置由动臂、摇臂、铲斗、连杆、动臂油缸与转斗油缸等组成，如图3.11所示。

6. 液压系统

装载机工作装置液压系统的工作原理如图3.12所示，主要由工作油泵、分配阀、安全阀、动臂油缸、转斗油缸、油箱和油管等组成。

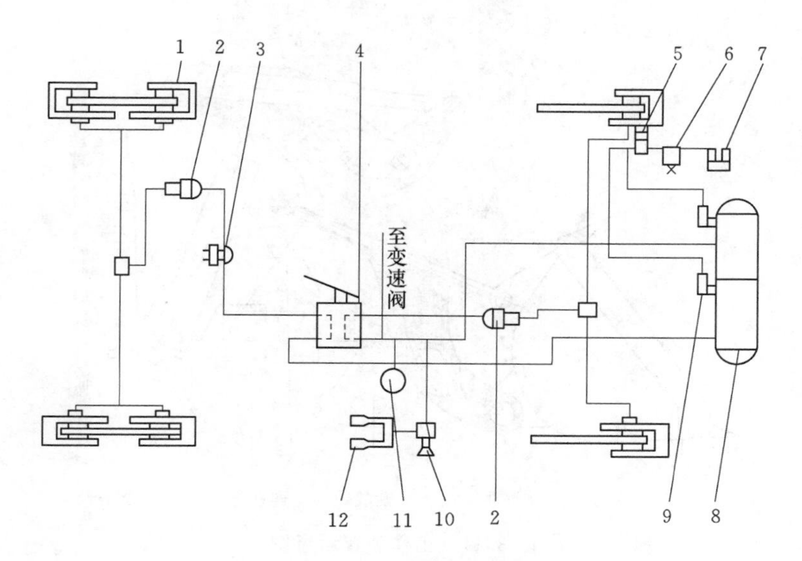

图 3.9 行车制动系统

1—钳盘式制动器；2—加力器；3—制动灯开关；4—双管路气制动阀；5—压力控制器；6—分水排水器；7—空气压缩机；8—储气罐；9—单向阀；10—气喇叭开关；11—气压表；12—气喇叭

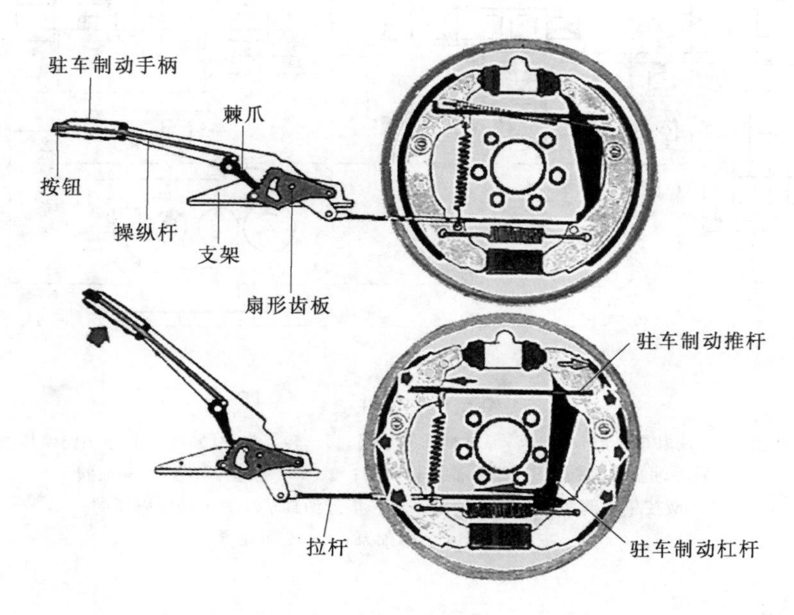

图 3.10 驻车制动系统示意图

液压系统应保证工作装置实现铲掘、提升、保持和转斗等动作，因此，要求动臂油缸操纵阀必须具有提升、保持、下降和浮动 4 个位置，而转斗油缸操纵阀必须具有后倾、保持和前倾 3 个位置。

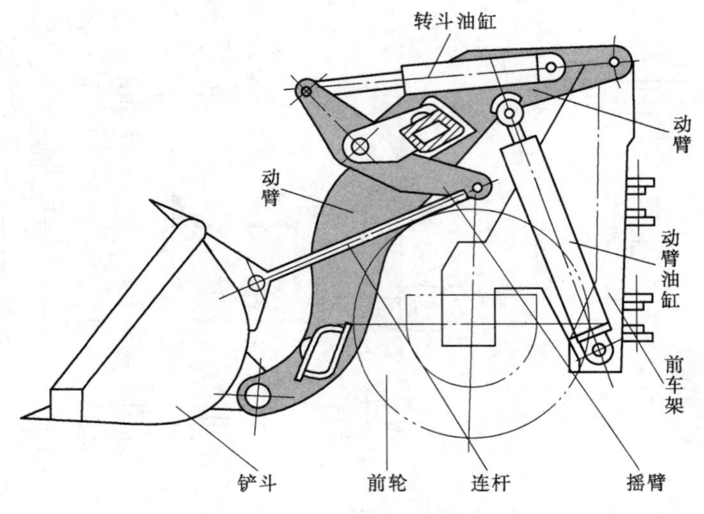

图 3.11　工作装置示意图

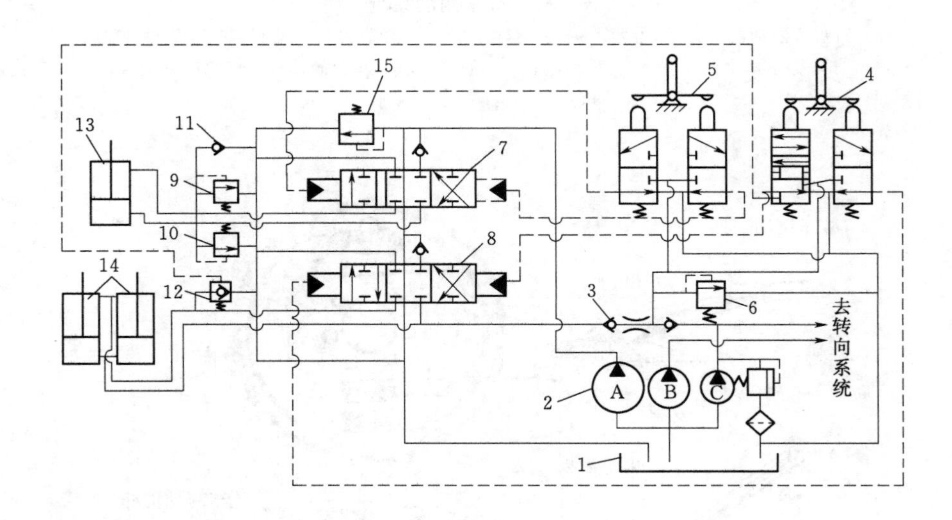

图 3.12　液压系统

1—油箱；2—油泵组；3—单向阀；4—举升先导阀；5—转斗先导阀；6—先导油路调压阀；7—转斗油缸换向阀；8—举升油缸换向阀；9、10—安全阀；11—补油阀；12—液控单向阀；13—转斗油缸；14—举升油缸；15—主油路限压阀；A—主油泵；B—转向油泵；C—先导油泵

7. 电气系统

装载机电气系统通常带有发电机的 24V 系统，发电机额定功率 1000W、电瓶的容量是 195A·h。两只电瓶分别装在后车架的两侧，驾驶室内安装有切断电源闸刀开关。保险丝盒安装在仪表盘左下方，打开电源闸刀开关，可以切断整个电路。进行机器检修工作前必须打开开关，切断电源。本章电气系统采用单线制，负极接地（搭铁）。

8. 冷暖系统

装载机配有冷暖系统，结构如图 3.13 所示，具有制冷和采暖功能，整个系统由压缩机、冷凝器、储液罐、蒸发器和连接管路组成。

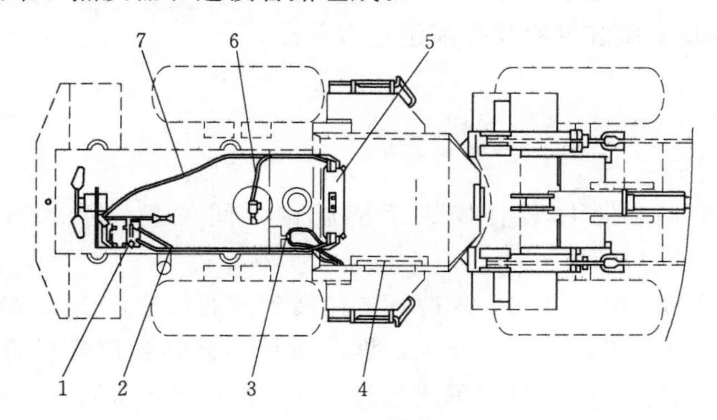

图 3.13 冷暖系统

1—压缩机；2—管路；3—储液罐；4—冷凝器；5—蒸发器；6—进水管；7—出水管

3.3 设备使用操作

3.3.1 启动前检查

(1) 机器外部清洁情况，清除掉油污和泥土。

(2) 发动机机油油面，要求在油尺刻度线范围内。

(3) 旋松喷油泵及燃油滤清器上的放气螺塞，用手压泵使燃油系统放气。

(4) 散热器中冷却水水位，要加到足够数量，冬季气温低于 0℃时，要加入热水，或改用乙二醇防冻液。

(5) 检查燃油箱油量，如需加油时注意用绸布或滤网过滤。油尽量要加满，可以使油箱中减少水汽凝结。

(6) 检查变速箱油面要接近油尺的上刻线，待车辆发动后可检查一次。

(7) 检查液压油箱油面，保持在油表上部，加油时注意要用相同牌号的油。

(8) 排去储气筒中的水分，可打开储气筒下部排水阀，排除水分后再拧紧。

(9) 检查轮胎气压是否正常，气压低，负荷能力不足，轮胎寿命短，气压过高，车辆振动加剧，轮胎中央部分也会迅速磨损。

(10) 检查各部连接件有无松动。

(11) 按润滑表要求向各润滑点加注润滑油、脂。

(12) 各仪表指示是否正常，发电机是否充电。

(13) 在低速和中速运转中，倾听发动机声音是否正常。

(14) 检查转向指示灯、刹车灯、喇叭等电气设备是否正常。

(15) 转动方向盘，检查转向系统的可靠性和密封性。

（16）检查脚制动和手制动的使用可靠性。

（17）检查液压工作装置的工作是否正常。

（18）检查各油管、水管有无漏油、漏水现象。

（19）检查铲斗及工作装置的绞接部位是否正常。

3.3.2　启动

（1）合上电源总开关。

（2）方向操纵手柄和工作装置操纵手柄放在中间位置，手制动操纵杆放在制动位置。

（3）将电门钥匙插入电门开关，顺时针方向转到接通位置，于是仪表开始工作。

（4）油门踏板踏下一半，将启动开关钥匙顺时针方向转到启动位置，接通启动电机，发动机即可启动。一次启动时间最多不能超过10s，如果在此期间，发动机未能启动，应停1min以后，再进行第二次启动。如连续四五次启动失败，应找出故障原因，排除后方可继续启动。

（5）启动后，逐渐加大油门，使发动机在1000～1200r/min的转速下进行预热运转，同时对储气筒充气。

（6）冬天启动困难时，可向散热器加注90～95℃的热水，必要时向发动机润滑系统内加注70～80℃的冬用润滑油，再进行启动。

3.3.3　操作

1. 行走

（1）发动机启动，空转预热约5min后，当水温和油温达45℃以上，刹车气压达到0.6MPa以上，同时各种仪表操纵装置均处于正常状态，即可起步工作。

（2）将铲斗或抓具升至运输位置（离地约40cm）。

（3）根据道路、场地和作业情况，操纵变速手柄选择好需要的挡位。

（4）将变速手柄推拉到前进或后退位置。

（5）松开手制动。

（6）鸣喇叭，加大油门，增加发动机转速，即可起步行驶。

（7）在行驶中遇到阻力或坡度时，机器可以自行减速，同时增大驱动力以克服阻力，不需要经常换挡。

（8）装载机一般采用液压换挡，换挡时不必停车。为了换挡平稳和减少冲击，在由低速挡换到高速挡时，应先加速，然后在推拉手柄时稍微减少油门。反之，由高速挡换到低挡之前，车速应当降低，然后在推拉档位手柄时，加大油门。

（9）变换前进，后退方向时，一定要先踩制动踏板，在刹车后进行换向，换向后松开制动，否则，变速箱要受到剧烈的冲击，有可能造成机件损坏或离合因剧烈摩擦生热而咬死等情况。

2. 作业

清理作业场地，填平凹坑，铲除尖石等易于损坏装载机轮胎和妨碍装载机作业的障碍物。铲装作业时，行驶速度应降至4km/h以下。

装载机的作业循环包括以下4个过程：

(1) 装载机以一挡驶向料堆，在距料堆约1～1.5m处，放下动臂、转动铲斗，使铲斗刀刃接地，铲斗斗底与地平面成3°～7°的夹角，然后低速插入料堆。

(2) 装载机以全力插入料堆，并间断地操纵铲斗转动和动臂上升，直至装满铲斗，然后把铲斗上翻、将动臂提升至运输位置。

(3) 装载机装满后退，驶向卸料点或运输机械，同时提升动臂至卸载高度将物料卸下。若物料黏积在铲斗上，可来回搬动转斗操纵手柄，撞击撞块，使黏积在铲斗上的物料弹振脱落。

(4) 空车退回，同时将动臂下降至运输位置，装载机返回至装料堆进行下一个工作循环。

3.3.4 停车

(1) 降低发动机转速并踩下制动踏板，即可停车。

(2) 方向手柄推拉到中间位置。

(3) 松开制动踏板拉紧手制动操纵杆。

(4) 减低发动机转速至800～1000r/min，空转3～5min，使发动机逐渐冷却。

(5) 工作装置放平到贴于地面，各手柄均放在中间位置。

(6) 按下发动机熄火开关使发动机熄火。

(7) 拉下总电源开关，切断电源。拔出电门钥匙锁好车门。

(8) 冬季停车后，应及时拧开所有放水阀放掉冷却系统全部积水，如水中有防冻液，则不必放出。气温过低时；还要拆下电瓶，搬进暖房，以免冻裂。

3.3.5 注意事项

(1) 作业前，应检查发动机的油、水（包括电瓶水）应加足，各操纵杆放在空挡位置，液压管路及接头无松脱或渗漏，液压油箱油量充足，制动灵敏可靠，灯光仪表齐全、有效方可启动。

(2) 机械启动必须先鸣笛，将铲斗提升离地面50cm左右，行驶中可用高速挡，但不得进行升降和翻转铲斗动作，作业时应使用低速挡，铲斗下方严禁有人，严禁用铲斗载人。

(3) 装载机不得在有倾斜度的场地上作业，作业区内不得有障碍物及无关人员，装卸作业应在平整地面进行。

(4) 向汽车内卸料时，严禁将铲斗从驾驶室顶上越过，铲斗不得碰撞车厢，严禁车厢内有人，不得用铲斗运物料。

(5) 在沟槽边卸料时，必须设专人指挥，装载机前轮应与沟槽边缘保持不少于2m的安全距离，并放置挡木挡掩。

(6) 装堆积的砂土时，铲斗宜用低速插入，将斗底置于地面，下降铲臂然后顺着地面，逐渐提高发动机转速向前推进。

(7) 在松散不平的场地作业，应把铲臂放在浮动位置，使铲斗平稳的作业，如推进时阻力过大，可稍稍提升铲臂。

(8) 将大臂升起进行维护、润滑时，必须将大臂支撑稳固，严禁利用铲斗作支撑提升底盘进行维修。

(9) 下坡应采用低速挡行进，不得空挡滑行。

(10) 涉水后，应立即进行连续制动，排除制动片内的水分。

(11) 作业后，应将装载机开至安全地区，不得停在坑洼积水处，必须将铲斗平放在地面上，将手柄放在空挡位置，拉好手制动器，关闭门窗加锁后，司机方可离开。

3.4 设备管理

3.4.1 日常管理

1. 外观检查

外观检查包括车身磕碰、照明灯、后视镜、油漆是否脱落、车身是否整洁。

2. 油水泄漏检查

油水泄漏检查包括液压油缸（大、小臂油缸，铲斗油缸），车身底板、车下有无漏油漏水，各滤芯接头漏油渗油检查，油管、水管管路、接头，表面有无油迹。

3. 零部件松动、磨损和丢失检查

零部件松动、磨损和丢失检查包括链轨张紧度，链板是否螺栓松动、丢失，链板是否磨损、弯曲、断裂，斗齿是否松动、磨损，驱动轮、托链轮、支重轮、引导轮磨损检查，动臂、铲斗、夹爪检查，其他紧固件松动、丢失检查。

4. 油位、水位检查

油位、水位检查包括发动机润滑油检查、冷却液检查、液压油位检查、柴油、油水分离器。

5. 发动机仓内检查

发动机仓内检查包括皮带松紧（发电机、空调压缩机、风扇）、发电机、启动电机连线、散热器。

6. 电瓶、电瓶连线检查

电瓶、电瓶连线检查包括电瓶开关是否打开、电瓶外观有无破损、电瓶连线有无松动。

7. 润滑部位及周期表

除每天出车前的例行检查和加油外，应按润滑周期表（表3.1）进行定期的加油和换油，润滑周期分为每星期（或每50h）、每月（或200h）、每季度（或600h）、每半年（或1200h）4种，根据具体作业情况和环境条件，可以适当缩短或延长。加油部位如图3.14所示。

表3.1　　润滑加油周期表

润滑部位		润滑点数	润滑油种类	润滑周期				润滑图中序号
				每星期或50h	每月或200h	每季度或600h	每半年或1200h	
发动机	曲轴箱	1	柴油机油	△	○	●	⊙	3
	喷油泵	1				●		4
	调速器	1					●	5
	水泵及风扇轴承	1	润滑脂		◆			1
	充电发电机	2				◆		2
变矩器及变速箱液压系统		1	变矩器油	△	○	●		8
前后桥	主传动	2	齿轮油	△	○		⊙	19，33
	轮边减速器	4		△	○		⊙	20，32
制动系统制动总泵		4	刹车油	○		●		21，31
转向及工作液压系统油箱		1	液压工作油	△	○		⊙	6
燃油箱		1	柴油					7
工作装置及油缸支承	动臂前端支点	2	润滑脂	◆				17
	动臂后端支点	2		◆				11
	摇臂轴	1		◆				15
	拉杆两端铰接点	2		◆				16，18
	举升油缸后端支承	2		◆				10
	举升油缸前端支承	2		◆				13
	转斗油缸两端支承	2		◆				12，14
	夹爪油缸两端支承	2		◆				未画出
	转向油缸前后支承	4		◆				28
车架	车架铰接点轴承	2	润滑脂	◆				9，26
	后桥摆架支承	2		◆				34，35
万向传动轴	主传动轴	2	润滑脂		◆			30
	前传动轴	4			◆			22，23，24，27
	后传动轴	2			◆			29
	伸缩传动轴花键	2				◆		25
各操纵杆系的铰接点		若干	润滑油	[				

注　△新车跑合后首次换油；⊙春秋季节性换油；○检查油位和补充油；◆加润滑脂；●更换新油；[加润滑油。

3.4.2　运行管理

1. 整体检查

整体外观包括整体外观是否损坏，各部分安装是否牢固、螺栓螺帽有无松动，附件是否齐全、有无遗失损坏，各仪表操纵手柄有无连接松动损坏。

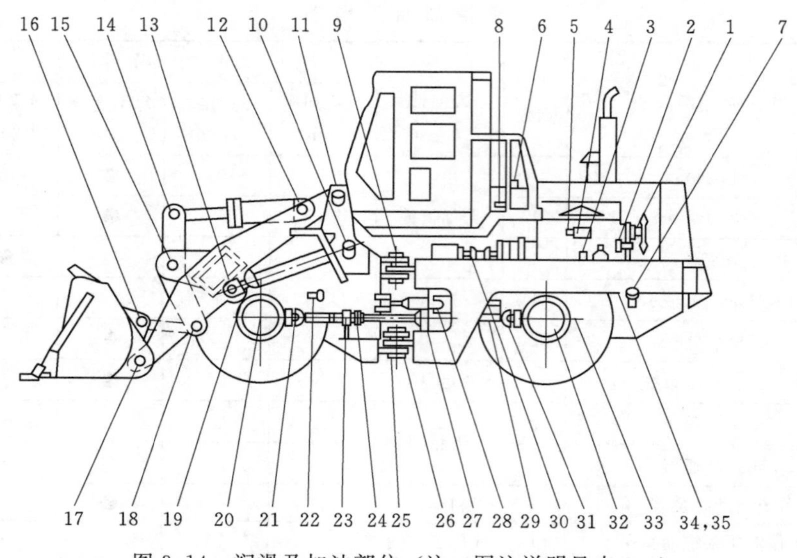

图3.14 润滑及加油部位（注：图注说明见表3.1）

2. 试运行检查

试运行检查包括查看工作装置、底盘有无液体泄漏，轮胎胎压是否满足要求，机油、燃油、冷却液及尿素是否充足，电瓶桩头松紧度是否合适，未启动时电瓶电压是否达到要求，发动机能否正常启动、倾听有无异响，检查刹车灯、警示灯、转向灯是否正常，两侧的灯光是否对称、灯罩内是否有雾气。

3. 运行检查

运行检查包括运行时间记录、发动机油压是否正常、变矩器油温是否正常、水温表显示是否处于正常值、制动气压是否处于正常值、挡位压力是否处于正常值、动臂升降是否正常、铲斗反转是否正常、夹爪张合是否正常。

4. 停机检查

停机检查包括工作装置是否放平于地面、铲刀和松土器控制杆的闭锁按钮是否按下、各手柄是否均放在中间位置、是否已切断电源、电门钥匙是否拔出、车门是否已锁好。

3.4.3 检修维护

1. 每日检修

每日检修部位见表3.2。

2. 每月检修

每月检修部位见表3.3。

3. 每季度检修

每季度检修部位见表3.4。

4. 每年检修

每年检修部位见表3.5。

表 3.2　　每日检修部位

序号	部位	方式	序号	部位	方式
1	漏油、漏水	修复	9	灰尘指示器	检查清理空气滤芯
2	螺栓、螺母	拧紧或更换	10	传动轴及销轴	拧紧或更换
3	电路	修复	11	变矩器	修复
4	冷却水位	补充	12	变速箱	修复
5	发动机油壳油位	补充	13	油泵	修复
6	燃油油位	补充	14	液压转向器	修复
7	转向离合器油位	补充	15	检查制动踏板行程	检查及调整
8	燃油箱	放出水及沉积物			

表 3.3　　每月检修部位

序号	部位	方式	序号	部位	方式
1	漏油、漏水	修复	13	油泵	检查
2	螺栓、螺母	拧紧或更换	14	液压转向器	检查
3	电路	修复	15	检查制动踏板行程	检查及调整
4	冷却水位	补充	16	机油粗滤器	检查
5	发动机油壳油位	补充	17	燃油粗滤器	检查
6	燃油油位	补充	18	空气滤清器	检查
7	转向离合器油位	补充	19	发动机风扇	检查
8	燃油箱	放出水及沉积物	20	发动机传动皮带	调整
9	灰尘指示器	检查清理空气滤芯	21	电瓶电液比重	补充
10	传动轴及销轴	拧紧或更换	22	手制动操纵杆	调整
11	变矩器	检查	23	变速操纵杆	调整
12	变速箱	检查			

表 3.4　　每季度检修部位

序号	部位	方式	序号	部位	方式
1	冷却系统	清洗	7	喷油电嘴	清洗和调整
2	发电机	润滑	8	工作油箱和滤清器	换油、换滤芯
3	启动电机	润滑	9	行走部分	检查及加润滑油
4	电器设备接头	更换	10	涡轮增压器	检查转子游隙
5	发动机气门间隙	调整	11	防腐蚀器	更换滤筒
6	转向离合器箱	换油、清洗粗滤芯			

表3.5　　每年检修部位

序号	部位	方式	序号	部位	方式
1	平衡梁轴	润滑	6	变矩器	检查及修复
2	制动踏板	润滑	7	差速器	检查及修复
3	发动机曲轴箱通气帽	清洗	8	轮边减速器	检查及修复
4	涡轮增压器	清洗	9	气门间隙	检查和调整
5	变速箱	检查及修复	10	发动机减震器	检查或更换

5. 每两年检修

每两年检修部位见表3.6。

表3.6　　每两年检修部位

序号	部位	方式	序号	部位	方式
1	空气滤清器	清理或更换	4	履带螺栓	检查和拧紧
2	冷却系统	清洗内部和更换冷却液	5	刀角、刀片	翻转或更换
3	履带涨紧度	检查和调整			

6. 需要时的检修

需要时的检修部位见表3.7。

表3.7　　需要时的检修部位

序号	部　位	方　式
1	水泵	检查皮带轮松动漏水
2	风扇皮带轮和涨紧轮	检查是否松动

3.5　常见故障及排除

3.5.1　发动机

发动机常见故障及解决方法见表3.8～表3.10。

表3.8　　柴油机启动困难或不能启动原因及根除办法

序号	可　能　原　因	根　除　办　法
1	蓄电池电力不足	充电
2	启动电路接头脱落或接触不良	检查接线是否正确、牢靠，并清除接触面的灰尘、油污
3	启动电机炭刷与整流子接触不良	修正和调换炭刷，用木砂纸清理整流子表面，并吹净灰尘
4	燃油箱内柴油太少，或油的质量差	加入合乎要求的新油
5	燃油管路或滤清器阻塞	清洗进油管路及滤清器
6	燃油系统进入空气	检查漏气部位和采取排气的措施

表 3.9 柴油机工作无力，达不到额定转速原因及根除办法

序号	可 能 原 因	根 除 办 法
1	进油和进气受阻	检查清洗
2	油门拉不到底	检查油门拉杆系统并调整
3	柴油机本身故障	检修

表 3.10 柴油机水温和油温过高原因及根除办法

序号	可 能 原 因	根 除 办 法
1	曲轴箱内机油油面过低或用油牌号不对	采用足够量的合格机油
2	节温器失灵	更换节温器
3	冷却水不足或循环不良	加水和检查管路
4	风扇皮带松弛，转速降低，风量减少	调整皮带张力或更换皮带
5	温度表或传感器可能失灵	更换

3.5.2 双变系统

双变系统常见故障及解决方法见表3.11～表3.14。

表 3.11 油温过高、变矩器变速箱系统过热原因及根除办法

序号	可 能 原 因	根 除 办 法
1	连续重载作业或高速行车时间过长或外界环境温度过高	暂时减荷或停车休息
2	变速箱油位过高或过低	加油至规定的位置
3	双变系统散热器堵塞	清洗散热器
4	变速箱离合片打滑变形，分离不清发热	拆变速箱更换离合器摩擦片
5	离合器油缸活塞伸出后不回位	清洗活塞并更换密封件
6	变速箱精，粗滤网堵，进油不畅	拆洗滤网
7	变速箱至变速油泵油管吸瘪或没紧固	紧固管接头或更换油管
8	散热器至变速箱各轴冷却油管堵	更换油管
9	变速箱，变矩器通气塞堵	拆洗通气塞
10	变速箱挡位压力低于规定值	拆洗挡位阀，分配阀及查找其他原因
11	变速油泵泄漏严重	检测油泵压力有必要更换
12	用油不当或变速箱油变质	更换指定用油

表 3.12 离合器压力过低或没有压力，挂不上挡问题及根除办法

序号	可 能 原 因	根 除 办 法
1	变速箱油面低	加油至规定位置
2	油路不清洁，精，粗滤网堵塞	清洗滤网必要时换新油
3	变矩器进油阀压力过低	调节压力

表3.13　　发动机开动，离合器压力正常，车不走或不能换挡问题及根除办法

序号	可能原因	根除办法
1	挡位阀杆不到位	调整阀杆位置
2	变速箱离合器咬死	拆变速箱离合器更换摩擦片
3	挡位切断阀发卡不回位	检查研磨或更换

表3.14　　装载机无力问题及根除办法

序号	可能原因	根除办法
1	油液起泡，油质不好	换油，检查漏气
2	油温过高，黏度太低	换油，停车冷却
3	油面过低	加油至规定油位
4	油压低，离合器打滑	检查调整油压
5	离合器分离不清	拆解离合器，更换摩擦片
6	制动分离不彻底	调整制动器

3.5.3　转向系统

转向系统常见故障及解决方法见表3.15～表3.17。

表3.15　　不能转向问题及根除办法

序号	可能原因	根除办法
1	转向器内部连接销折断	拆卸转向器更换
2	转向器弹簧片折断发卡	拆卸更换
3	转向油泵损坏	更换油泵
4	转向活塞杆固定螺母脱扣或断裂	拆检，更换

表3.16　　转向圈数增多，转向力矩不足问题及根除办法

序号	可能原因	根除办法
1	管路漏油，密封件损坏	紧固管接头，或更换密封件
2	油缸内漏	更换密封件
3	转向器转子磨损，排量下降	减测确定更换转向器
4	转向阀压力过低	调节压力至规定值

表3.17　　方向盘不能自动回中问题及根除办法

序号	可能原因	根除办法
1	转向器弹簧片折断	拆检更换
2	拔销或联动轴开口折断或变形	拆检更换

3.5.4　制动系统

制动系统常见故障及解决方法见表3.18和表3.19。

表 3.18　制动力不足问题及根除办法

序号	可能原因	根除办法
1	由于管路漏气或连续使用刹车，致使空气压力过低（气压不低于 6kg）	查明漏气现象，予以排除
2	加力器皮膜磨损漏气	更换
3	制动总泵进油孔堵塞	清洗畅通
4	制动总泵刹车油太少	加满刹车油
5	制动液压管路及钳盘制动器漏油	检查修理
6	制动液压管路中有空气	排气
7	制动器衬块磨损严重或被油浸透	更换新的衬块

表 3.19　制动器不能正常松开问题及根除办法

序号	可能原因	根除办法
1	双腔制动阀排气孔堵塞，不回气	检查修理
2	加力器气室皮碗翻边，动作不良	检查加力器
3	制动器密封件翻边，活塞卡死	检查清洗、更换油封
4	总泵针孔堵塞，回油不畅	通针孔

3.5.5　电气系统

电气系统常见故障及解决方法见表 3.20～表 3.23。

表 3.20　电瓶的电很快用完问题及根除办法

序号	可能原因	根除办法
1	开车时钥匙长时间不在“连通”位置，不充电	注意转到“连通”位置
2	装载机工作循环时间太短，使电瓶充电不足	给电瓶充电
3	电气系统短路	查找修理
4	电瓶极板硫化，充不进电	调整电解液比重，重新充电

表 3.21　电流表指针波动或指针不动问题及根除办法

序号	可能原因	根除办法
1	电瓶到电流表线路接头松动	查找松动的接头，予以紧固
2	仪表损坏或发电机损坏	更换

表 3.22　启动马达无力问题及根除办法

序号	可能原因	根除办法
1	电瓶电力不足	充电或更换电瓶
2	接头松动	拧紧

表3.23 电器仪表不工作问题及根除办法

序号	可 能 原 因	根 除 办 法
1	仪表或传感器损坏	更换
2	连接松动	拧紧
3	导线破裂，漏电	修理或更换
4	仪表保险丝断	检查更换

第4章

叉　　车

4.1 设 备 概 述

叉车是工业搬运车辆，是指对成件托盘货物进行装卸、堆垛和短距离运输作业的各种轮式搬运车辆。在防汛抢险中，叉车主要用于运输柴油机、钢管、跳板等抢险物资，提高防汛抢险效率。

本章以电动叉车为例。其以电动机为动力，蓄电池为能源，具有绿色无污染、噪声小、操作简便等优点，已成为现代防汛抢险不可或缺的工程设备之一。

4.2 基 本 结 构

4.2.1 整体图示

叉车外观如图4.1所示。

4.2.2 主要结构

电动叉车主要包括车体、门架、驾驶室、驱动系统、液压系统、制动系统、电控及其自我诊断和液晶显示系统。

1. 车体

车体是叉车的主体结构，一般都是达到工作需求强度以上钢板制成，其特点是无大梁，车体强度高，可承受重载。车体以电瓶放置的位置可分为前后桥之间式和后桥之上式。

2. 门架

（1）内、外门架。内、外门架为焊接件。外门架底部用支撑装在驱动桥上。外门架中部通过倾斜缸与车架连在一起，并在倾斜缸作用下可以前后倾斜，如图4.2所示。

（2）货叉架。货叉架通过主滚轮在内门架内滚动，主滚轮装在主滚轮轴上用弹性挡圈卡住，主滚轮轴焊在货叉架上，侧滚轮由螺栓固定在货叉架上，如图4.3所示。沿着内门架翼板滚动，可用调整垫调整。为防止滚动间隙，使用2个固定的侧滚轮沿着内门架翼板外侧滚动。纵向载荷由主滚轮承受，当货叉升到顶时。上面的滚轮从门架顶部露出。横向载荷由侧滚轮支承。

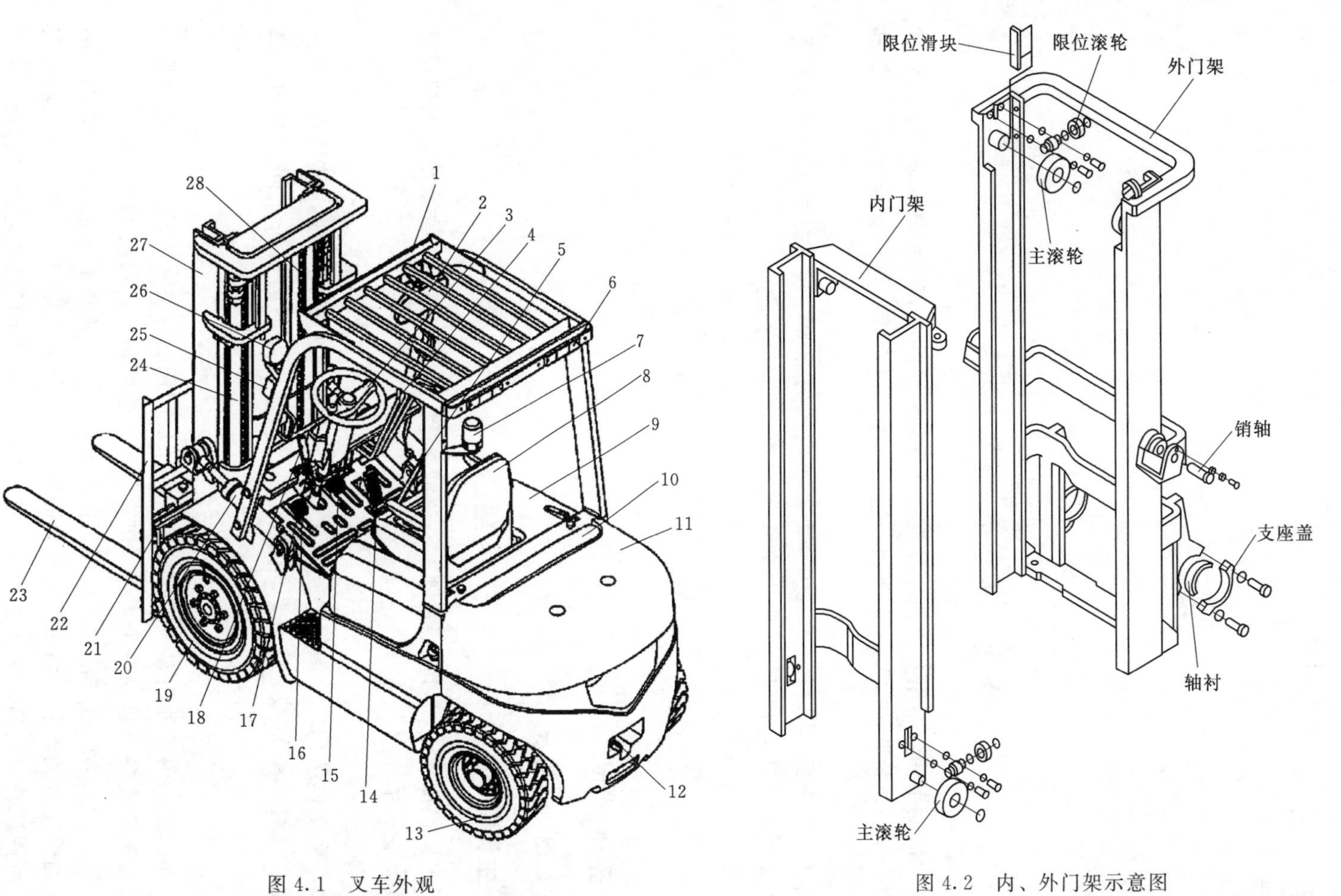

图 4.1　叉车外观

1—护顶架；2—后视镜；3—方向盘；4—多路阀操纵杆；5—变速箱操纵杆；6—后组合灯；7—警示灯；8—座椅；9—机罩；10—水箱盖板；11—平衡重；12—牵引栓；13—后轮胎；14—油门踏板；15—制动踏板；16—离合/微动踏板；17—组合开关；18—手制动；19—前轮胎；20—倾斜油缸；21—货叉架；22—挡货架；23—货叉；24—起升油缸；25—转向灯；26—前大灯；27—门架；28—链条总成

图 4.2　内、外门架示意图

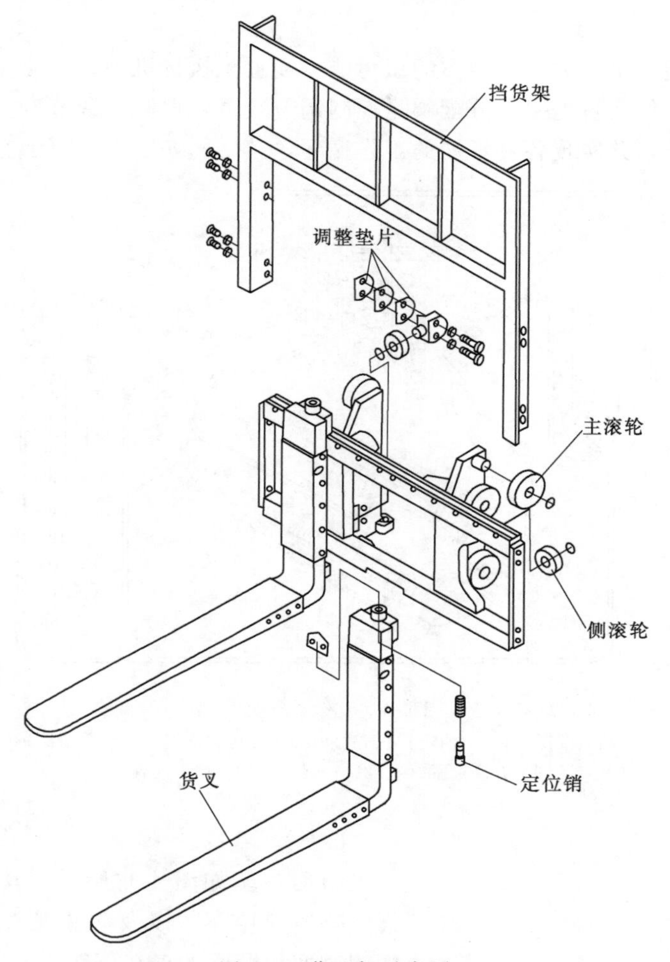

图 4.3　货叉架示意图

3. 驾驶室

叉车一般没有封闭的驾驶室，只安装起防护作用的护顶架。世界上比较先进的电动叉车，按先进的人机工程学原理开发研制，采用舒适的液压减振悬挂式座椅，能够根据驾驶员的身高和体重进行调整。双踏板加速系统在叉车改变行驶方向时无需转向，方向盘立柱的倾角可根据驾驶员的要求进行调节。中心液压操纵杆集门架的升降和前后于一体。

4. 驱动系统

驱动系统是电动叉车的关键部件之一。双电机驱动，加速和爬坡性能好，牵引力大，采用了电子整速系统，替代原来的机械差速系统，使用性得到了很大的提高，如图4.4所示。

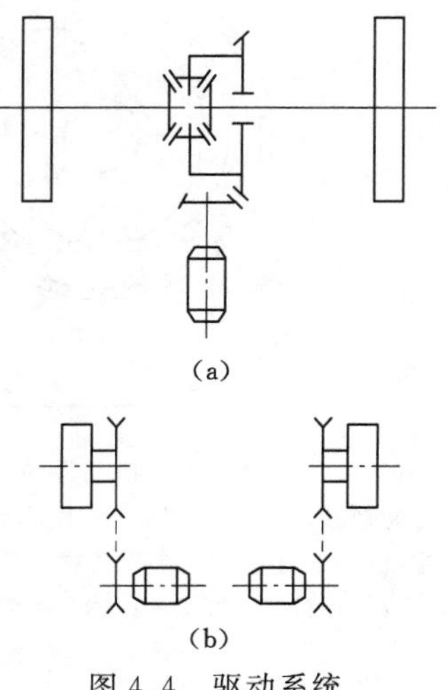

图 4.4　驱动系统

5. 液压系统

油泵将机械能传给液体变成液体的压力能；油缸是执行机构，把液体的压力能转换为机械能，输出到工作装置上去；分配阀是控制调节装置，控制与调节液流方向，以满足叉车工作性能的要求，并实现各种不同的工作循环，其结构如图 4.5 所示。

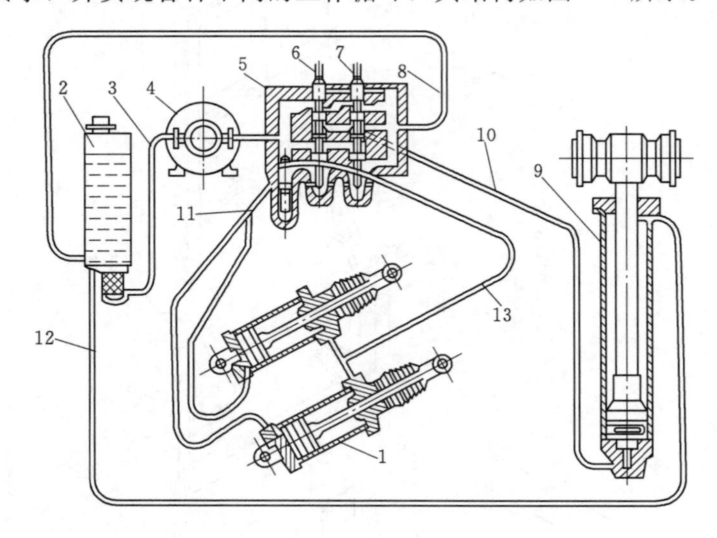

图 4.5　液压系统

1—倾斜液压缸；2—油箱；4—油泵；5—液压分配器；6、7—滑阀；9—升降油缸；3、8、10、11、12、13—油管

6. 制动系统

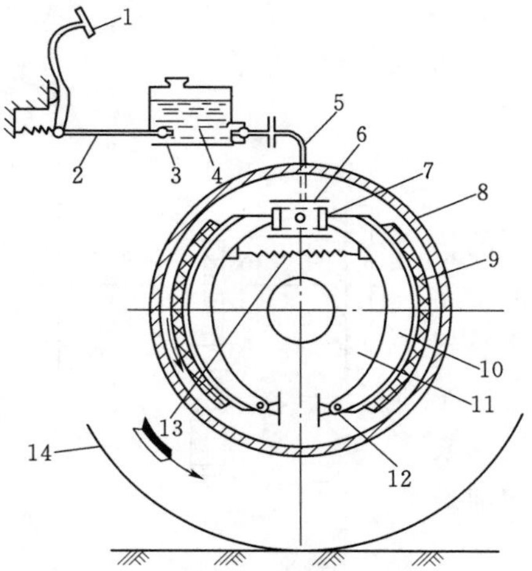

制动系统如图 4.6 所示，其使叉车在行驶过程中减速或停车，以及防止叉车在下坡时超过一定的速度和保证叉车在停车地点（包括在坡道上）可靠地停住。一般的电动叉车主要采用机械式停车制动和液压式行车制动。停车采用手制动，行车采用脚制动。电动叉车制动系统装有一个主导真空增压器，可保证任何时候都有足够的主动压力，既增加了制动的安全性，又减轻了驾驶员的劳动强度。电动叉车采用液压制动系统。膨胀型制动有外部控制，并采用动力辅助制动（与动力转向系统的动力形式相同）。SCR 和 MOS 管的使用，使电瓶叉车的制动能量再生成为可能。能量再生过程也就是一个电子制动过程，电子制动在以下 3 种情况下产生。

图 4.6　制动系统

1—制动踏板；2—推杆；3—主缸活塞；4—制动主缸；5—油管；6—制动轮缸；7—轮缸活塞；8—制动鼓；9—摩擦片；10—制动蹄；11—制动底板；12—支承销；13—制动蹄回栓弹簧；14—车轮

（1）松开加速器控制踏板时。

（2）踏下反向的加速器踏板时。

（3）踏下液压制动踏板的第一级时。

4.3 设备使用操作

4.3.1 启动前检查

(1) 检查地面有无新滴下的油迹，寻找漏油部位，根据渗漏情况确定可否运行或检修。

(2) 检查电池的蒸馏水。

(3) 检查轮胎磨损是否过量、轮辋有无裂纹、紧固螺栓是否紧固、齐全。

(4) 检查转向系、制动系静态下是否符合要求。转向液压油管无老化破损，固定稳当、不与转向轮或其他机件相碰擦。

(5) 检查车灯（大小灯、转向灯、制动灯）、喇叭是否正常。

4.3.2 起步

(1) 启动电机，将货叉升至距地面300mm，后倾门架，再踏油门，鸣喇叭，平稳起步。

(2) 起步后应在平直无人的路面上，用10km/h的车速试验转向与制动性能是否良好。

(3) 转动转向盘全部行程的手感：手感平顺，无卡滞感。

(4) 在平直硬实干燥清洁路面上行驶时，手扶转向盘的感觉：无摆振、跑偏或其他异常感觉。

(5) 制动性能：空载空挡，松开油门可停止在坡度为20%的坡道上。

(6) 松油门时手扶转向盘的感觉（平直硬实干燥清洁路面、车速10km/h）不跑偏。

4.3.3 行驶

(1) 行驶必须遵守行车准则，自觉限速，一般按以下时速：平直硬实干燥清洁，路旁无堆放物、无岔道、无停放车辆，视线良好的路面为不大于15km/h；一般情况路面或拐弯时，仓库内行车道路较宽较长，视线良好，无行人处为10km/h；通道狭窄、人车混杂、视线不良、交叉路口、装卸作业地点及倒车时为5km/h。

(2) 叉车严禁载人行驶，严禁关电滑行。

(3) 上、下坡应提前减速；行驶过程中要集中精力，谨慎驾驶，保持安全时速。要时刻注意行人和车辆的动态，保持与其他车辆或行人的横向安全距离和纵向安全距离，提防行人或车辆突然横穿道路。

(4) 夜间行驶尤其是交会车时，驾驶人员应降速行驶。

(5) 雨天、钢板上或沾油路面行驰时，要提前减速，稳速行驶，不得紧急制动或急打方向。

(6) 通过狭窄或低矮的地方时，谨慎通过，必要时应有专人指挥，不得盲目甚至强行通过。

（7）应注意车轮不得碾压垫木等物品，以免碾压物蹦起伤人。

（8）不在坡道上做横向行驶、转弯或进行装卸作业。

4.3.4　转弯与倒车

（1）转弯时应提前打开转向指示灯，减速、鸣喇叭、靠右行。注意转向轮外侧后方的行人或物品是否在危险区域内。

（2）转弯时必须严格控制车速，严禁急打方向盘。

（3）倒车前应先仔细观察四周和后方的情况，确认安全后，鸣喇叭缓慢倒车。

（4）倒车时转向盘的操作样式与前进时恰好相反，而且视线受到体位限制，感觉能力削弱，所以倒车更要谨慎操作。

4.3.5　停放与充电

（1）叉车应整齐停放在水平道路右侧或指定地点，货叉平置于地面，人离开叉车应切断电源总开关、拉紧手制动、挂上空挡、开关钥匙。

（2）不得在人车密集、交叉路口、狭窄道路、视线不良、斜坡、松软路面、易燃品附近、消防（或疏散）通道等不安全地段停放叉车。

（3）严格按照操作要求使用，切勿充电不足，充过电或过度放电，电池不足发出警告时，应及时充电，不得再行驶。

（4）电池补充液须使用蒸馏水，加蒸馏水过程中不能混入异物，按电池刻度切勿过度补水。

4.3.6　装卸与堆垛

（1）货物重心在规定的载荷中心，不得超过额定的起重量，如货物重心改变，其起重量应符合车上起重量负载曲线标牌上的规定。

（2）应根据货物大小调整货叉间距，使货物重量的重心在叉车纵轴线上。

（3）货叉接近或撤离货物时车速应缓慢平稳；货叉插入货堆时，货叉架应前倾；货物装入货叉后，货叉架应后，使货物紧靠叉壁，并确认货物放置平稳可靠后，方可行驶。

（4）叉车停稳关闭电路方可进行装卸，作业时货叉附近不得有人，一般情况下货叉不得做可升降的检修平台。

（5）货叉悬空时发动机不得关闭电路，驾驶员不得离开驾驶座，并阻止行人从货叉架下通过。

（6）当搬运的大件货物挡住驾驶员的视线时，叉车应倒退低速行驶。

（7）不得单叉作业。

（8）不得利用制动惯性溜放货物。

（9）不得在斜坡上进行装卸作业。

（10）不得边行走边升降货叉（尤其是重车）。

4.4 设 备 管 理

4.4.1 日常管理

1. 外观检查

外观检查包括车身磕碰、照明灯、后视镜、货叉架、门架滑道。

2. 零部件松动、磨损和丢失检查

零部件松动、磨损和丢失检查包括货叉架支承、起重链拉紧螺丝、车轮螺钉、车轮固定销、货叉架、转向器螺钉、其他紧固件松动、丢失检查。

3. 发动机仓内检查

发动机仓内检查包括皮带松紧（发电机、空调压缩机、风扇）、发电机、启动电机连线、散热器。

4. 电瓶、电瓶连线检查

电瓶、电瓶连线检查包括电瓶开关是否打开、电瓶外观有无破损、电瓶连线有无松动。

4.4.2 运行管理

1. 整体检查

整体检查包括整体外观是否损坏、各零部件是否完好、反光条是否完好、各部分牢固可靠、驾驶室视野无遮挡、轮胎是否有裂痕。

2. 试运行检查

试运行检查包括发动机、启动电机有无松动，货叉有无松动，脚制动器是否灵敏，未启动时电瓶电压是否达到要求，检查电瓶电量，检查刹车灯、警示灯、转向灯是否正常，电瓶桩头松紧度是否合适，鸣笛、喇叭是否正常。

3. 运行检查

运行检查包括运行时间记录，仪表盘显示数据是否正常，操纵机构升降、前后倾、侧滑操作是否正常，发动机有无异响。

4. 停机检查

停机检查包括货叉是否降到底，叉车电源是否关闭，手刹是否处于空挡、手刹是否拉紧，电门钥匙是否拔出。

4.4.3 检修维护

1. 每日检修

每日检修部位见表4.1。

2. 每月检修

每月检修部位见表4.2。

3. 每年检修

每年检修部位见表4.3。

表4.1　　每日检修部位

序号	部　位	方　式	序号	部　位	方　式
1	货叉架及门架滑道	检查	6	脚制动器	试验
2	蓄电池电极叉柱	检查	7	指示器和仪表	试验
3	蓄电池	检查及充电	8	转向器	试验
4	水箱	检查及补充	9	座椅安全带	检查
5	空气滤清器	检查			

表4.2　　每月检修部位

序号	部　位	方　式	序号	部　位	方　式
1	气缸	检查及补充	6	发电机及启动电机	检查
2	多路换向阀	检查	7	风扇皮带	检查
3	升降、倾斜、转向油缸	检查	8	车轮	检查及更换
4	齿轮泵	检查	9	接线头	检查及更换
5	手、脚制动器	调整	10	碳刷	检查及更换

表4.3　　每年检修部位

序号	部　位	方　式	序号	部　位	方　式
1	过滤网及管路	清洗	10	转向器	清洗及检查
2	传动轴轴承	检查	11	多路阀	拆卸及检查
3	万向节十字轴	检查及调整	12	轮胎	检查及更换
4	主减速器	检查及润滑	13	手制动杆和脚制动踏板	检查及更换
5	差速器	检查及润滑	14	蓄电池	检查及更换
6	轮边减速器	检查及润滑	15	货架	检查及加固
7	轴承轴向	调整	16	车架	检查及加固
8	前后轮毂	拆检/调整/润滑	17	各仪表感应器、保险丝及开关	检查及更换
9	制动器	清洗及调整			

4.5　常见故障及排除

4.5.1　蓄电池

蓄电池常见故障及解决方法见表4.4和表4.5。

表4.4　　极板不可逆硫酸盐化原因及根除办法

序号	可　能　原　因	根　除　办　法
1	长期充电不足或长期处于半放电状态放置	均衡充电
2	电解液密度超过规定值	检查及调整电解液密度
3	电解液不纯	换注电解液
4	内部短路局部作用或漏电	检查及更换

表 4.5　　电池内部短路原因及根除办法

序号	可　能　原　因	根　除　办　法
1	隔板损坏	更换隔板
2	沉淀物质过多	清除沉淀物
3	电池内落入导电物	清除导电物或更换极板

4.5.2　制动系统

制动系统常见故障及解决方法见表 4.6～表 4.9。

表 4.6　　制动不良原因及根除办法

序号	可　能　原　因	根　除　办　法
1	漏油	修理
2	制动蹄间隙未调好	调节
3	制动器过热	修理
4	制动鼓与摩擦片接触不良	重调
5	杂质附在摩擦片上	修理或更换
6	杂质混入制动液中	检查制动液
7	制动踏板（微动阀）调整不当	调整

表 4.7　　制动器有噪声问题及根除办法

序号	可　能　原　因	根　除　办　法
1	摩擦片表面硬化或杂质附着其上	修理或更换
2	底板变形或螺栓松动	修理或更换
3	制动蹄片变形或安装不正确	修理或更换
4	摩擦片磨损	更换
5	车轮轴承松动	修理

表 4.8　　制动不均问题及根除办法

序号	可　能　原　因	根　除　办　法
1	摩擦片表面有油污	修理或更换
2	制动蹄间隙未调好	调节调制器
3	分泵失灵	修理或更换
4	制动蹄回位弹簧损坏	更换
5	制动鼓偏斜	修理或更换

表4.9　制动不力问题及根除办法

序号	可　能　原　因	根　除　办　法
1	制动系统漏油	修理或更换
2	制动蹄间隙未调好	调节调制器
3	制动系统中混有空气	放气
4	制动踏板调整不对	重调

4.5.3　转向系统

转向系统常见故障及解决方法见表4.10和表4.11。

表4.10　方向盘转不动问题及根除办法

序号	可　能　原　因	根　除　办　法
1	油泵损坏或出故障	更换
2	胶管或接头损坏或管道堵塞	更换或清洗

表4.11　方向盘重问题及根除办法

序号	可　能　原　因	根　除　办　法
1	安全阀压力过低	调整压力
2	油路中有空气	排除空气
3	转向器复位失灵，定位弹簧片折断或弹性不足	更换弹簧片
4	转向缸内漏太大	检查活塞密封

4.5.4　液压系统

液压系统常见故障及解决方法见表4.12和表4.13。

表4.12　起升油路压力提不高问题及根除办法

序号	可　能　原　因	根　除　办　法
1	滑阀卡滞	分解后清洗
2	油孔堵塞	分解后清洗
3	排气不充分	充分排气

表4.13　泵压力低问题及根除办法

序号	可　能　原　因	根　除　办　法
1	衬板损坏	更换
2	支承损坏	更换
3	密封圈、衬套密封件或挡圈不良	更换
4	溢流阀调整不当	调整
5	系统中有空气	加油或更换油泵油封

第 5 章

吊　车

5.1　设　备　概　述

吊车作业是将机械设备或其他物件从一个地方运送到另一个地方的一种工业过程。工作过程一般包括起升、运行、下降及返回原位等步骤。吊车类型有汽车吊、履带吊和轮胎吊，本章以汽车吊为例阐述。该设备主要运用于防汛抢险，吊装柴油机机组、潜水电泵、发电机组冲锋舟等较重抢险设备，具有良好的机动性、灵活性及环境适应性，在防汛抢险吊装作业工作中发挥着举足轻重的作用。

5.2　基　本　结　构

5.2.1　整体图示

起重机结构如图 5.1 所示。

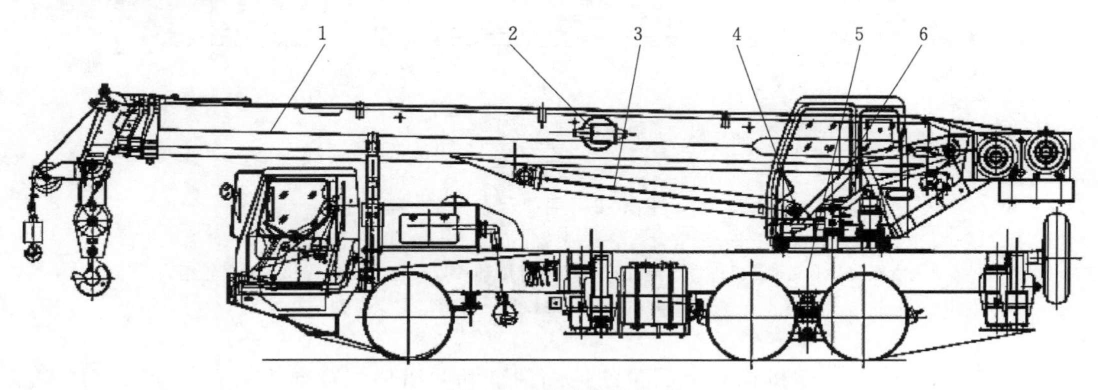

图 5.1　起重机结构

1—起吊机构；2—安全机构；3—液压系统；4—上车操纵室及回转支撑系统；5—底盘系统；6—电气系统

5.2.2　主要结构

汽车起重机主要由以下 6 个部分组成：

(1) 起吊装置起吊装置由主臂、副臂、主臂伸缩机构、变幅机构、主卷扬、副卷扬、主钩、副钩等部件组成。

（2）安全装置安全装置包括过卷保护机构、三圈过放保护机构、力限器、转台锁、平衡阀、液压锁、水平仪等部件。

（3）上车操纵室及回转支撑系统上车操纵室及回转支撑系统由上车操纵室、回转支承、转台、回转马达、回转减速机等部件组成。

（4）底盘系统底盘系统由动力系统、传动系统、行驶系统、转向系统、制动系统、驾驶室和电气设备等几部分组成。

（5）液压系统液压系统由油泵、支腿操作阀、上车多路阀和回转、升缩、变幅、起升等油路组成。

（6）电气系统整车电气系统主要由底盘电气系统和上车电气系统组成，包括驾驶室电气系统、发动机以及变速箱电气系统、灯具电气系统以及各种智能控制装置。

5.2.2.1　起吊机构

起重机的重物起吊装置包括臂架、变幅机构和吊钩卷扬机构。

1. 臂架

（1）主臂。主臂是起重机的核心部件，如图5.2所示。是汽车起重机吊载作业最关键的承重结构件。主臂机构件的强度、刚度将直接决定汽车起重机的使用性能。如图5.2所示，主臂机构的主要组成部分：主臂（四节）、臂尖滑轮、臂间滑块、分绳轮组、定滑轮组、压绳滚轮、用于托绳的滑板支架及主臂与转台和变幅缸上铰点的连接轴等。

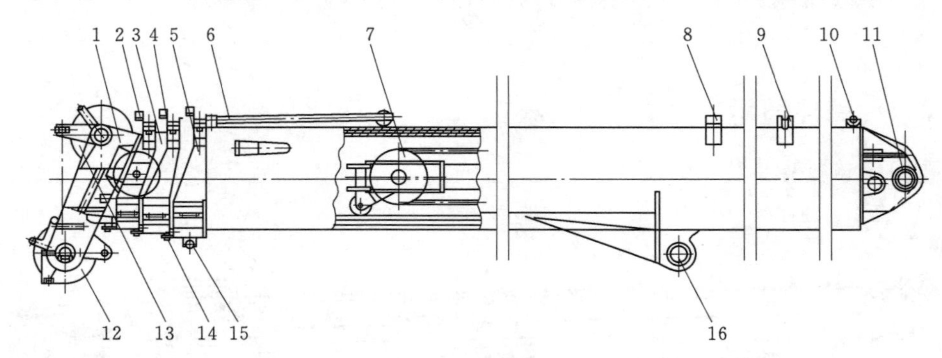

图5.2　主臂示意图

1—四节臂；2—托绳架；3—三节臂；4—二节臂；5——节臂；6—压绳滚轮；7—伸缩机构；8—滑板支架；9—挡板；10—绳托；11—主臂尾轴；12—定滑轮组；13—分绳轮组；14—调节轴块；15—托棍；16—变幅缸上铰点轴

（2）伸缩机构。伸缩机构是由倒置的伸缩油缸和两组伸缩臂绳机构来实现二节臂、三节臂、四节臂同步伸缩的工作系统，同步伸缩的工作原理如图5.3所示。

（3）副臂。副臂是汽车起重机主臂作业长度延伸的起重部件，采用桁架式结构，如图5.4所示。副臂主要由臂座、臂架、连接杆系统、臂头、支承架、托架总成等部件构成。主要补偿主臂作业高度不足式，扩大主臂作业的范围。

2. 变幅机构

主臂变幅机构主要由变幅油缸、铰接、压力传感器等部件组成。该结构是将上车操纵先导手柄（或操纵拉杆）推/拉到主臂变幅位置时，液压油通过油泵、下车管路、中心回

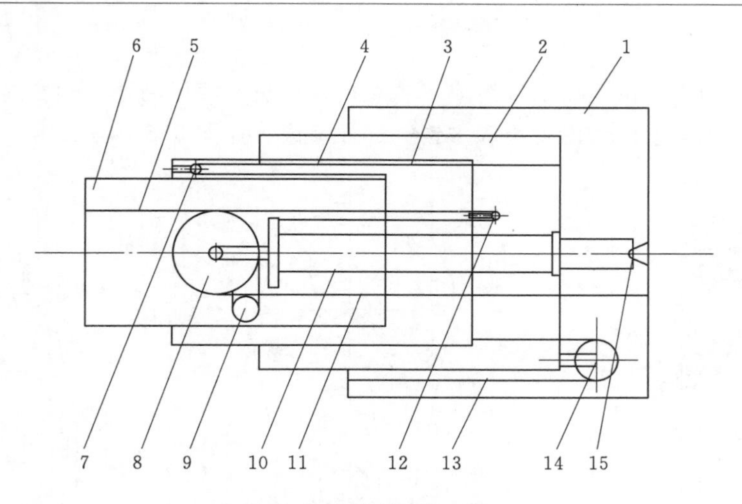

图 5.3　主臂伸缩机构工作原理

1—一节臂；2—二节臂；3—四节臂伸臂绳；4—三节臂；5—四节臂缩臂绳；6—四节臂；7—四节臂伸臂轮；8—伸缩缸支架滑轮；9—支架支撑轮；10—伸缩油缸；11—三节臂伸臂绳；12—四节臂缩臂轮；13—三节臂缩臂绳；14—三节臂缩臂轮；15—伸缩油缸铰点轴

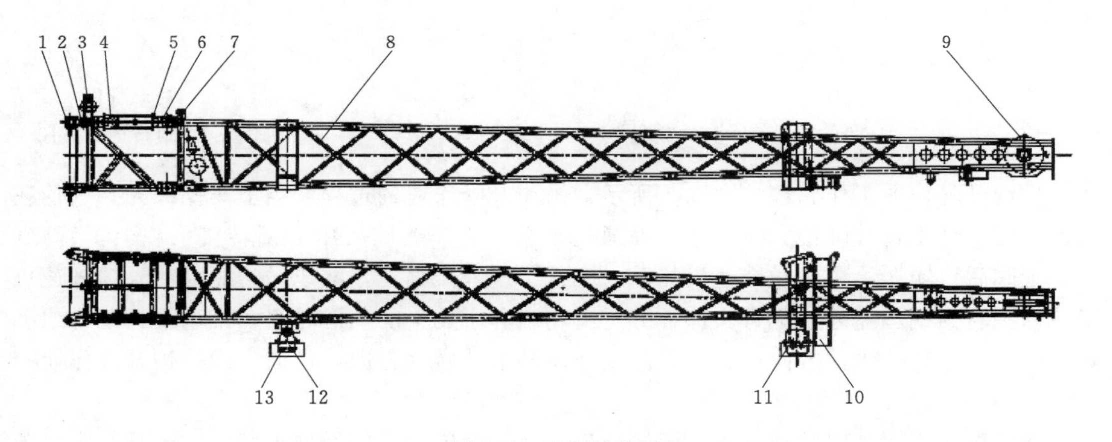

图 5.4　副臂示意图

1—销轴（一）；2—臂座；3—绳托（一）；4—连接杆；5—销轴（二）；6—连接板；7—绳托（二）；8—臂架；9—滑轮；10—折叠板；11—托架总成；12—支承架；13—销轴（三）

转接头、上车管路、上车主阀，输送给主臂变幅机构动力元件——变幅油缸，推动油缸活塞作伸缩运动，带动铰接的臂架绕着连接在转台上的铰接转轴做旋转运动。改变变幅油缸的进油（回油）方向，可以实现主臂的起落。

为保证负载落幅时，不产生超速失稳或冲击，在变幅油路中安装了变幅平衡阀，以确保变幅运动平稳进行。

在变幅油缸有、无杆腔的进油管路上，分别安装了检测油路压力的压力传感器。压力传感器所采集的压力信号，由力限控制器处理后，在专用显示屏上显示出主臂负载的实际重量。液压系统压力的稳定性，在很大程度上决定了压力传感器采集压力信号的准确度。

3. 卷扬机构

吊钩卷扬机构主要由下列部件组成：主卷扬减速机、液压马达、钢丝绳、主臂头部下方的定滑轮组、主钩上的动滑轮组和主钩等部件组成，如图5.5、图5.6所示。

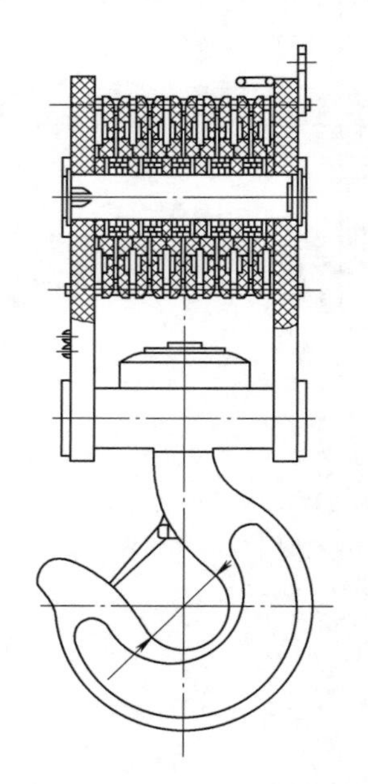

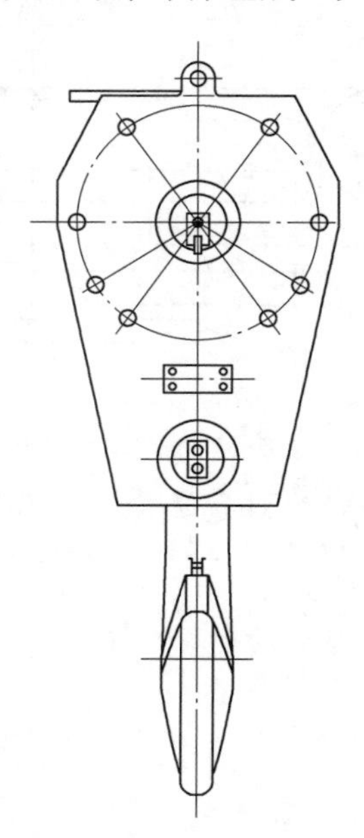

图5.5　主吊钩示意图

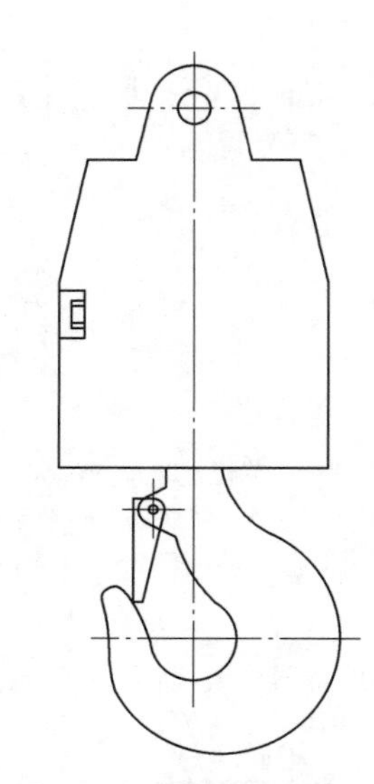

图5.6　副吊钩示意图

吊钩升降作业工作原理如图5.7所示，吊钩升降作业的过程：当上车操纵先导手柄或操纵拉杆搬到主钩升降位置时，液压油通过油泵、下车管路、中心回转接头、上车管路、上车主阀后，输送给主卷扬减速机的动力元件——液压马达。液压马达驱动主卷扬减速机回转，主卷扬钢丝绳通过主臂头部下方定滑轮组和主钩上的动滑轮组，带动主钩起升或下降。改变液压马达供油方向，就可以改变液压马达的转动方向，从而实现吊钩升降作业。

4. 回转机构

回转机构主要由回转减速机、回转液压马达、回转支承等部件组成。转台是起重机承载的重要连接部件，转台为整体式焊接结构，它通过回转支承，坐落在底盘的专用座圈上。保证转台可以实现360°回转。按使用功能可分为四个结构部分：底板座圈部分、主体结构部分、连接支架部分、尾箱部分。如图5.8所示。

回转机构的工作过程：将上车操纵先导手柄（或操纵拉杆）推/拉到转台回转位置时，液压油通过下车管路、中心回转接头、上车管路、上车主阀，输送给回转减速机的动力元件——液压马达。液压马达驱动回转减速机回转，减速机输出端的小齿轮与回转支承的内齿圈相啮合，驱动回转支承内圈转动。但因回转支承内圈是用螺栓固定在底盘坐圈上，内圈无法转动。因此，安装在转台底板上的回转减速机连同转台一起回转，即实现转台360°回转运动。

5.2.2.2　支腿系统

起重机的支腿系统由5根支腿及其相应的液压、电器系统组成。侧面的4根支腿由水

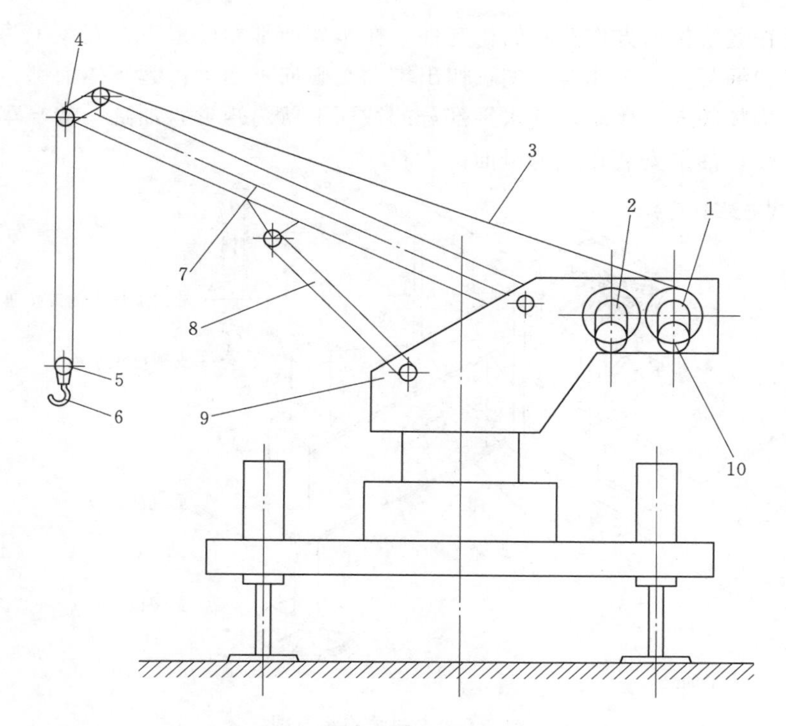

图 5.7 吊钩升降作业工作原理图

1—主卷扬减速机；2—副卷扬减速机；3—钢丝绳；4—定滑轮组；5—动滑轮组；6—吊钩；7—主臂；8—变幅油缸；9—转台；10—液压马达

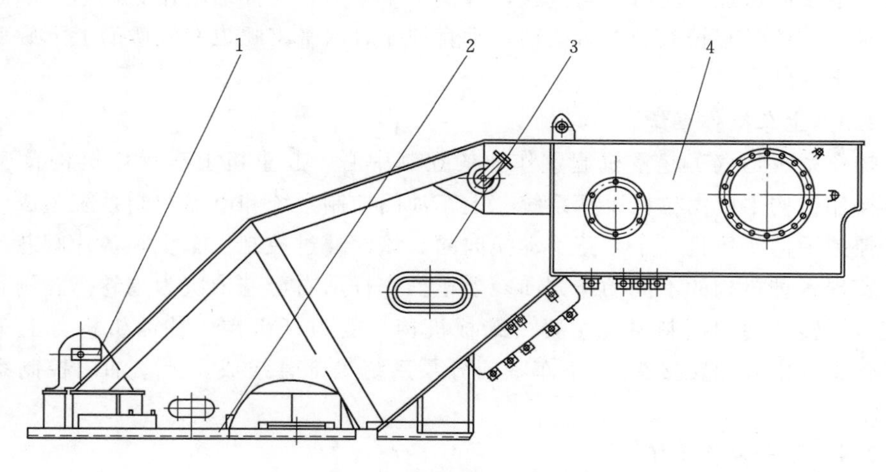

图 5.8 转台结构示意图

1—连接支架；2—底板座圈；3—主体结构；4—尾箱

平伸缩机构和垂直伸缩机构两部分组成，均由油缸作用作伸缩运动。支腿在不工作时，水平油缸和垂直油缸都缩回，支腿的水平部分缩回车架里，垂直部分则缩回到最高处，避免在移动行驶时与地面碰撞。支腿在工作时，首先是支腿的水平部分分别通过各自的水平油缸作用而伸出，然后是支腿的垂直部分分别通过各自的垂直油缸作用而下降。为了扩大作业范围，提高在起重机前方作业时的稳定性，在车架前部驾驶室下方安装了第5支腿。该支腿只有垂直伸缩部分，工作时，油缸伸出推动支腿向下运动撑起车体前部。

支腿的结构如图5.9所示，其水平部分的截面形状为矩形，油缸一端与车架连接，另一端与支腿连接；油缸安装在支腿里面。

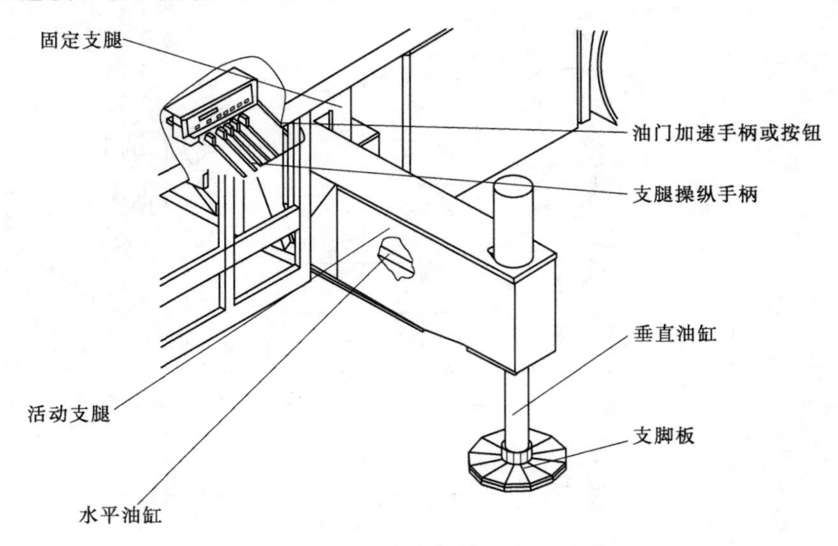

图5.9　支腿结构示意图

为了减小支腿的水平部分伸出时的摩擦力过大，支腿水平部分的上表面与车架之间为间隙配合，下表面通过滑块与车架接触，减小了摩擦力，使伸缩动作更迅速。因而，支腿工作时，水平伸缩时有轻微的左右摆动，垂直伸缩时水平支腿也有轻微的上下旋动，并与水平面成一定角度。

5.2.2.3　上车操作系统

上车操作系统是汽车起重机起重作业的控制中心。起重机上车操作机构普遍为拉杆式，上车操作机构主要由拉杆手柄系统、上车油门控制系统和电器控制系统组成。

拉杆控制手柄实质是一个多路手动换向阀。该阀通过控制上车主阀各片阀芯的不同换向位置，实现各种机构的不同动作方向。上车操作杆从右至左依次为主卷扬、副卷扬、变幅、伸缩、回转，油门控制系统主要由踏板机构、变力杆机构、补油机构、上车油门总泵、通油管路（中心回转接头）、下车油门分泵系统等部分组成。上车油门控制系统如图5.10所示。

5.2.2.4　下车操作系统

下车操作机构是下车油门操纵和支腿操纵的综合机构，如图5.11所示。

下车支腿操作机构主要由左、右操作手柄、下车主阀、二力杆件等组成。操作手柄是实施操作的控制元件，其与下车主阀阀芯直接相连。每个支腿的操作手柄均有3个工位，即中位、水平伸缩、垂直升降三个工位，如图5.12所示。总控手柄也有3个工位即中位、缩回、伸出三个工位。各支腿操作手柄和总控手柄的联合作用，就可以实现每个支腿的伸出或缩回、每个支腿垂直油缸的升降作业操作。

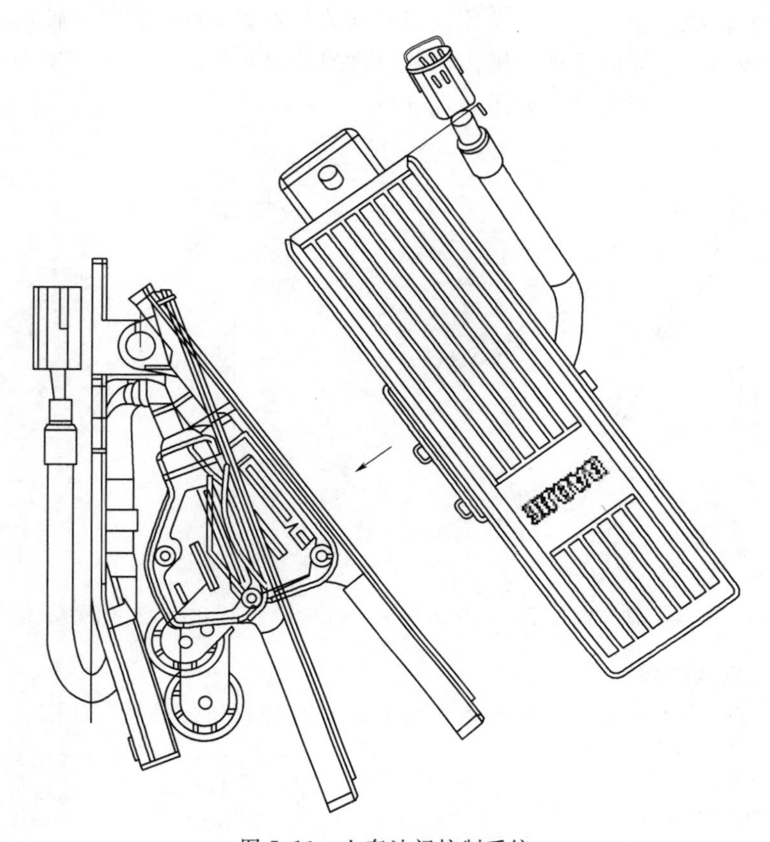

图 5.10　上车油门控制系统

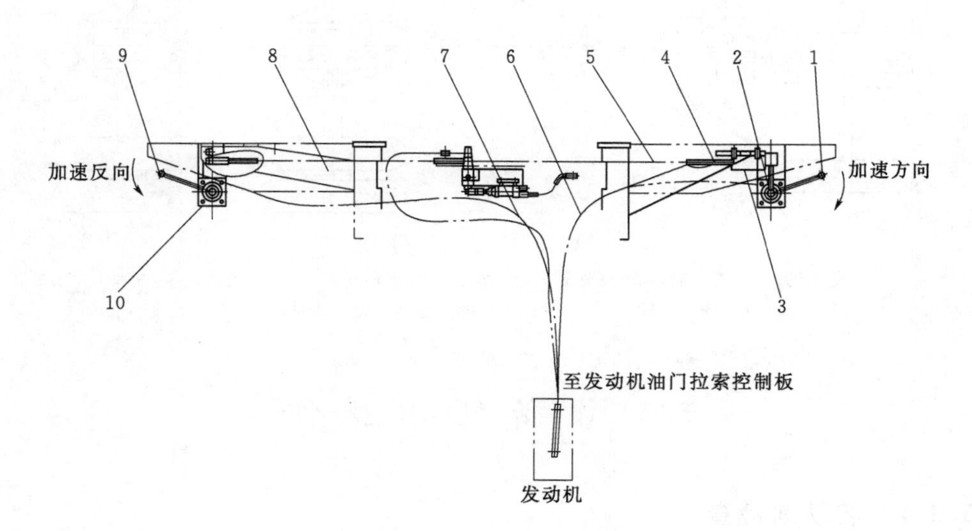

图 5.11　下车操作机构示意图

1—左操作手柄；2—左控制器；3—下车阀；4—二力杆焊合；5—左支架；6—左软轴拉线；7—右软轴拉线；8—右支架；9—右操作手柄；10—右控制器

下车油门操作机构主要由左、右控制器和相关的支架等部件组成。控制器是外购的软轴拉索，通过搬动控制器的手柄，操作软轴拉索的伸出和缩回，并带动发动机的油门变速杆旋转，实现发动机变速功能，如图 5.13 所示。

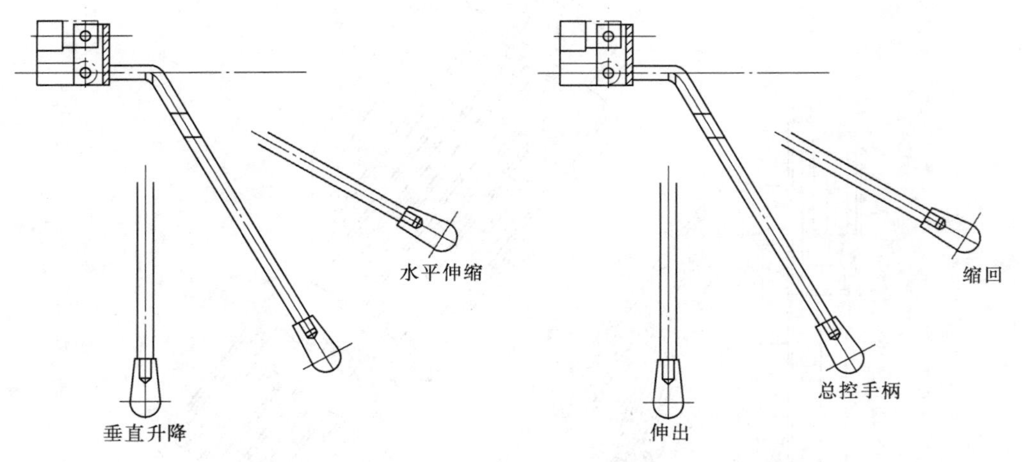

图 5.12　水平、垂直油缸操作手柄示意图　　图 5.13　总控手柄示意图

5.2.2.5　底盘结构

底盘部分有 4 个大系统，即传动系、转向系、制动系和行驶系，如图 5.14 所示。

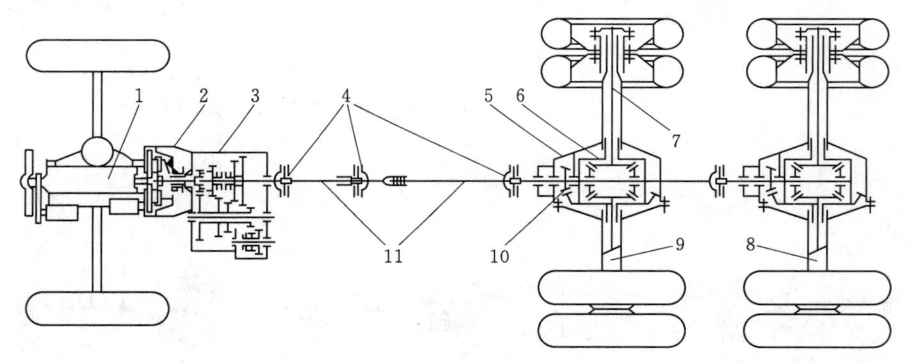

图 5.14　底盘结构

1—发动机；2—离合器；3—变速箱；4—万向节；5—后桥壳；6—差速器；7—半轴；8—后桥；9—中桥；10—主减速器；11—传动轴

5.3　设备使用操作

5.3.1　启动前检查

（1）检查轮胎气压是否达到规定的要求，轮胎是否有损坏。

（2）检查发动机的冷却水，机油和燃油是否充足。

（3）排除储气筒内的积水。

（4）检查蓄电池接线桩是否牢固可靠，电解液液面高度是否符合规定。

（5）检查油、水、气是否有渗漏现象。

（6）检查各仪表、开关、灯光、信号、雨刮器是否工作正常。

（7）检查转向、制动系统各部件是否灵活、安全、可靠，转向油罐及离合器储液杯的液面高度是否正常。

（8）检查传动轴螺栓、骑马螺栓、轮毂螺栓、车轮螺母紧固是否可靠，有无损坏断裂等现象。

（9）检查空气滤清器保养指示器，如果指示器显示红色，则需清洗或更换滤芯。用户还需经常倒净空气滤清器底部积尘盘上的尘土。

5.3.2 启动

完成出车前的检查后，按以下顺序启动发动机。

（1）变速杆置于空挡位置。

（2）打开电源总开关，接通电路。

（3）取力器翘板开关应处于不工作位置，保持动力输出处于空挡。

（4）踩下离合器踏板，以减小发动机起动阻力矩，减轻起动电机的负荷。

（5）稍踩加速踏板，同时转动起动钥匙，起动发动机，每次起动时间不得超过5～8s，一次不能起动，应停歇1min后再起动，在3～5次不能起动时，应停止起动，检查原因，排除故障。

（6）发动机起动后，应立即减少供油量，使发动机维持在怠速运转一段时间，不应立即猛踏油门。

（7）发动机在怠速时允许最低机油压力为0.069MPa。

（8）气压信号灯和驻车制动信号灯应熄灭，气压表压力应大于0.55MPa；检查发电机是否发电；发动机水温应高于60℃。

（9）拔出并向前推动停车制动操纵手柄，解除停车制动。

（10）变速器手柄挂至一挡挡位，慢慢松开离合器踏板，轻踩油门，车辆起步。

5.3.3 行驶

（1）换挡时注意要逐挡增加或减少，不要从一挡越过二挡，直接换到三挡，反之亦然。

（2）气压表指示气压应保持在不低于0.55MPa，气压信号灯、驻车制动信号灯应熄灭。

（3）发动机在额定转速时允许最低机油压力为0.207MPa。

（4）发动机水温应在70～90℃之间，水温未达到70℃之前，不得高速行驶，在任何时候发动机都不应长时间在无负荷的情况下高速运转。

（5）发动机及传动系不应有异常响声及其他不正常现象。

（6）制动器动作正常，驻车制动解除。

（7）转向到极限位置后（前桥转向限位已无间隙），不要再继续转动方向盘，不要长时间在极限位置转向。

（8）行车时，严禁采用使发动机熄火及挂空挡的方法遛车，以防转向沉重或气压不足而造成事故；在行驶中，不使用离合器时，严禁把脚放在离合器踏板上，以免离合器摩擦片磨损。

5.3.4　停车

（1）松开脚油门，踩下脚制动踏板制动，待车停稳后，将停车制动操纵手柄向后扳动直至锁定。

（2）将变速器切换到空挡位置。

（3）熄火前空加油2～3次，使各部分得到充分润滑，在关闭上下车驾驶室空调开关后，再关闭钥匙开关（使用杭发发动机的则使用排气制动开关熄火），使发动机熄火。

（4）将电源总开关关掉，以防蓄电池放电。

5.3.5　操作

1. 操作前的检查

（1）检查起重机的液压油位，保证液压油量达到规定值。

（2）检查各零部件状态，确认无异常现象，严禁在有异常情况下作业。

（3）发动机起动后，进行慢速空转，使发动机充分预热。

（4）使用取力装置前，必须确认各操作手柄和开关均处在“中位”或“断开”的位置上。

（5）空载操作，确认各操作手柄和开关无异常现象，严禁在有异常情况下作业。

（6）对力矩限制器进行作业前预检。

（7）检查所有安全装置（如报警指示灯等）有无异常。

（8）起重机操作前，应先接通下车操纵室内的电源开关。

2. 支腿操作

（1）水平支腿的伸缩选择如图5.12～图5.15所示的操作杆1、2、3、4，将其扳至水平伸缩位置，然后将图5.16所示总控手柄6扳至伸出或缩回位置，即可实现水平支腿的伸缩动作。在操作过程中可适当加油门以加快伸缩的速度。在结束操作之后，应迅速将操作杆扳回到中位。

（2）垂直油缸的升降选择如图5.15和图5.16所示的操作杆1、2、3、4，将其扳至垂直升降位置，然后将图5.17所示总控手柄6扳至上升或下降位置，即可实现垂直支腿的升降动作。在操作过程中可适当加油门以加快伸缩的速度。在结束操作之后，应迅速将操作杆扳回到中位。

（3）起重机的调平如果伸出支腿升降油缸后起重机仍未支平，应按下列步骤将其调平：起重机右侧较高时：

1）将图5.15所示左前杆1和左后杆3扳回到中位；右前杆2和右后杆4置于垂直升降位；

2）缓慢将图5.16所示总控操作杆6扳向缩回侧，同时仔细观察水平仪；

3）一旦水平仪调平，就将所有操作杆扳回到中位。

（4）第5支腿的升降选择如图5.15和图5.16所示的操作杆5，将其扳至垂直升降位置，然后将图5.17所示总控手柄6扳至上升或下降位置，即可实现第5支腿的升降动作。在操作过程中可适当加油门以加快伸缩的速度。在结束操作之后，应迅速将操作杆扳回到中位。

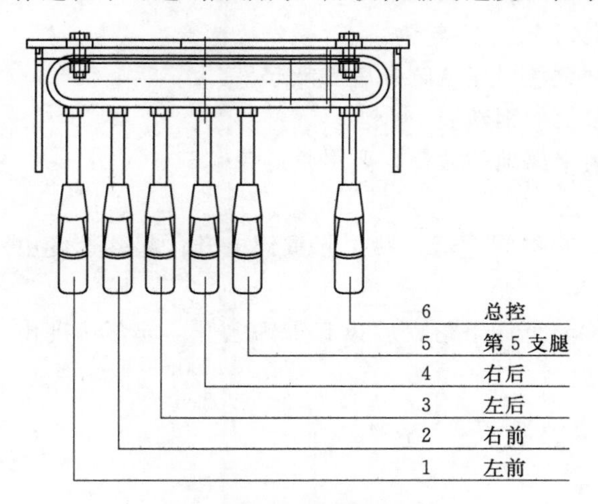

图5.15 支腿操作手柄图

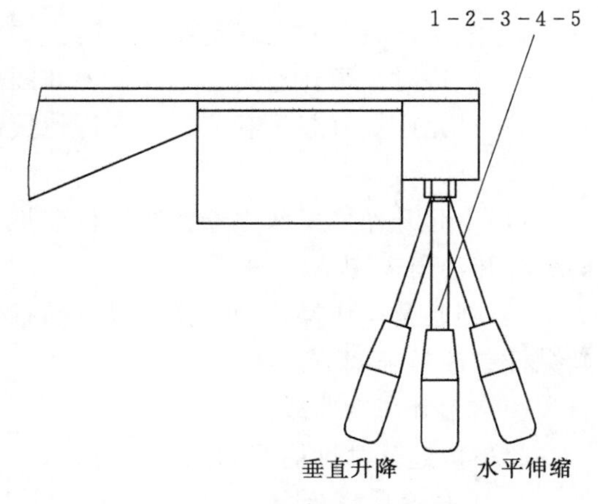

图5.16 支腿手柄位置功能图

3. 取力装置操作

接通取力装置前，应注意确认上车操纵室内各操纵手柄处于中位。

（1）取力装置接通操作步骤：

1）使停放制动器处于制动状态。

2）确认变速杆和取力装置开关确实处于“中位”“断开”状态。

3）拧转底盘起动开关，以起动发动机；天气较冷时要预热发动机后加以启动。

4）将离合器踏板踩到底。

5）接通取力装置。

6）慢慢松开离合器踏板。

7）起重机作业准备工作完成。

（2）取力装置断开操作步骤：

1）将离合器踏板踩到底。

2）断开取力装置。

3）松开离合器踏板。

4）停止发动机。

5）将底盘启动开关拧至“断开”位置。

6）起重机处于非工作状态。

4. 起升操作

（1）注意事项。

1）切勿急剧地扳动起升机构的操作手柄。

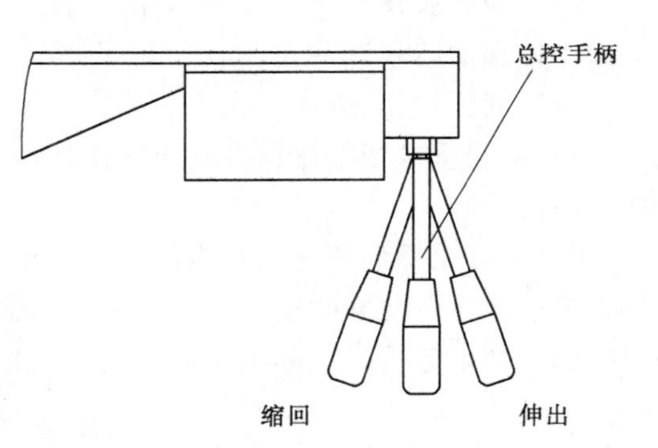

图5.17 支腿总控手柄位置功能图

2）进行起重作业前，应检查制动器，确认正常后再起吊。在起吊载荷尚未离开地面前，不得用起臂和伸臂操作将其吊离地面，只能进行起钩操作。

3）根据起重臂长度，选用合适的钢丝绳倍率。

4）因钢丝绳打卷而起重钩旋转时，要把钢丝绳完全解开后方能起吊。

5）落钩时必须在卷筒上至少要留3圈以上的钢丝绳。

6）只允许垂直起吊载荷，不允许拖拽尚未离地的载荷，要尽量避免侧载。

（2）操作。

1）主起升操作操作主卷扬操纵杆前推，起重钩下落、后拉起重钩上升；起落速度由操纵杆和油门来调节。

2）副起升操作操作副卷扬操纵杆前推，起重钩下落、后拉起重钩上升；起落速度由操纵杆和油门来调节。

（3）起升高度曲线。

起吊机起升高度曲线如图5.18所示。

5. 主起重臂操作

（1）伸缩操作。将伸缩操作杆向前推，主起重臂伸出，向后拉则主起重臂缩回，速度由操作杆和油门来调节。

（2）变幅操作。

1）主起重臂变幅操作将变幅操作杆向前推为落臂；后拉为起臂。其变幅速度由操作杆和油门控制。

2）主起重臂仰角与总起重量，工作半径之间的关系落臂时工作半径加大，而额定总起重量应减小；起臂时工作半径减小，而额定起重量则可增加。

（3）额定起重量。起吊机额定起重量标准参照额定起重量表，见表5.1。

表5.1　额定起重量表

工作幅度/m	主臂/m											
	10.2	14.6	19	23.4	27.8	32.0	10.2	14.6	19	23.4	27.8	32.0
	后方、侧方作业/kg						前方作业/kg					
3.0	20000	14500	12000				20000	14500	12000			
3.5	20000	14500	12000				20000	14500	12000			
4.0	19200	14500	12000	10500			19000	14500	12000	10500		
4.5	18500	14500	12000	10500			18500	14500	12000	10500		
5.0	17000	14000	12000	10500	8000		15000	14000	12000	10500	8000	
5.5	15200	13500	12000	10200	8000		12000	12500	12000	10200	8000	
6.0	13200	13000	11500	9800	8000	6500	9600	10000	10500	9800	8000	6500
6.5	11700	12000	11000	9200	7500	6500	7800	8500	8800	8800	7500	6500
7.0	10500	10600	10500	8600	7000	6200	6800	7200	7500	7600	7000	6200
8.0	8500	8600	8700	7700	6500	5700	5000	5500	5600	5700	5800	5700
9.0		6900	7100	7000	6000	5100		4200	4500	4600	4700	4700

续表

工作幅度/m	主臂/m											
	10.2	14.6	19	23.4	27.8	32.0	10.2	14.6	19	23.4	27.8	32.0
	后方、侧方作业/kg						前方作业/kg					
10.0		5700	5900	6000	5500	4600		3400	3500	3600	3700	3800
11.0		4700	4900	5000	5000	4200		2600	2900	3000	3100	100
12.0		4000	4200	4300	4400	3900		2100	2400	2500	2600	2600
14.0			3200	3300	3400	3200			1500	1600	1700	1700
16.0			2500	2600	2700	2700			1000	1100	1200	1200
18.0				1900	2000	2050				700	800	800

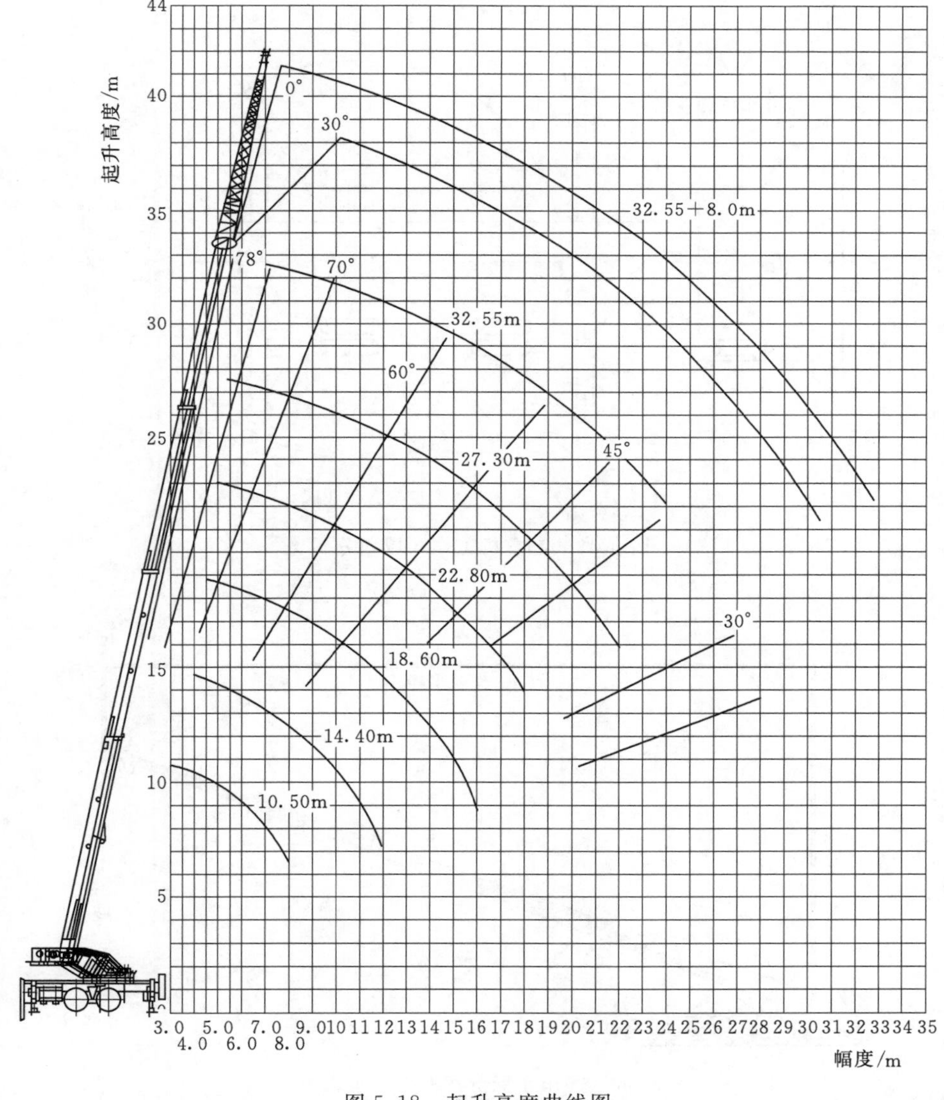

图 5.18 起升高度曲线图

6. 回转机构

(1) 注意事项。只能垂直起吊载荷，不许拖拽尚未离地的载荷，要注意避免侧载。

1) 在开始回转操作前，应检查并保证支腿的横向跨距符合规定值。

2) 必须确保足够的作业空间。

3) 开始和停止回转操作时，动作要慢，不可过急。

4) 不可急剧地扳动起重臂变幅操作手柄。

(2) 操作。执行回转动作之前，应先脱开机械锁定装置，将操作杆向前推，转台向右转；将操作杆向后拉，转台向左转。

(3) 工作区域。吊车工作区域如图 5.19 所示。该吊车安全作业区域半径为吊臂转轴处到吊臂尾的长度，如图 5.20 所示。

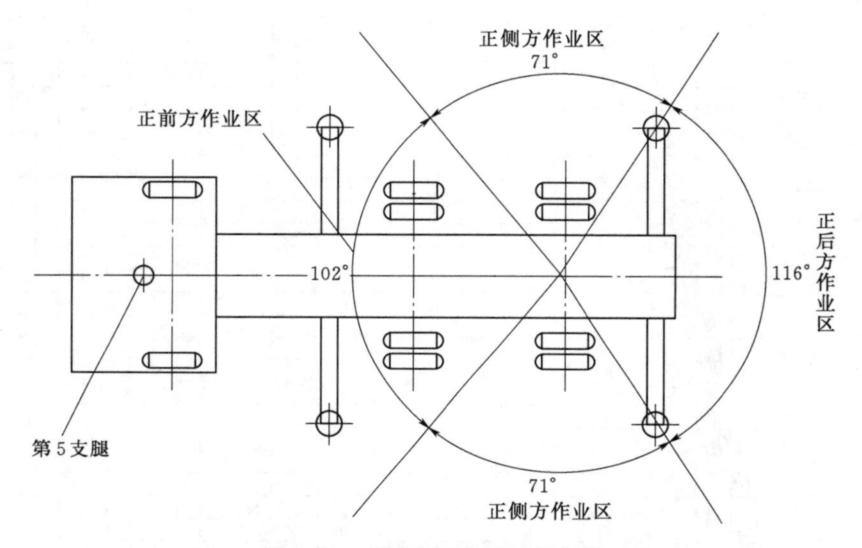

图 5.19 起重机工作区域划分图

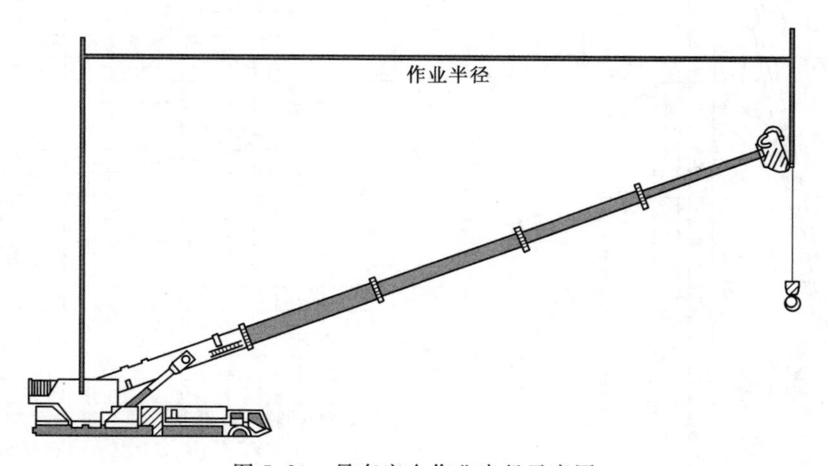

图 5.20 吊车安全作业半径示意图

5.4 设备管理

5.4.1 日常管理

1. 外观检查

外观检查包括车身磕碰、照明灯、后视镜、油漆是否脱落、车身是否整洁。

2. 油水泄漏检查

油水泄漏检查包括液压油缸（大、小臂油缸，铲斗油缸），车身底板，车下有无漏油漏水，各滤芯接头漏油渗油检查，油管、水管管路、接头，传动表面有无油迹。

3. 零部件松动、磨损和丢失检查

零部件松动、磨损和丢失检查包括链轨张紧度，螺栓是否松动、丢失，链板是否磨损、弯曲、断裂，钢板弹簧锁紧螺栓是否松动、磨损，检查制动管路和软管易磨损部位，转向杆件的螺栓、接头和锁紧件检查，其他紧固件松动、丢失检查。

4. 油位、水位检查

油位、水位检查包括发动机润滑油检查、冷却液检查、液压油位检查、柴油、油水分离器。

5. 发动机仓内检查

发动机仓内检查包括皮带松紧（发电机、空调压缩机、风扇），发电机、启动电机连线，散热器。

6. 电瓶、电瓶连线检查

电瓶、电瓶连线检查包括电瓶开关是否打开、电瓶外观有无破损、电瓶连线有无松动。

5.4.2 运行管理

1. 整体检查

整体检查包括整体外观是否损坏，各部分安装是否牢固、螺栓螺帽有无松动，附件是否齐全、有无遗失损坏，各仪表操纵手柄有无连接松动损坏。

2. 试运行检查

试运行检查包括查看工作装置，及底盘有无液体泄漏，机油、燃油、冷却液是否充足，电瓶桩头松紧度是否合适，启动时电瓶电压是否达到要求，发动机能否正常启动；倾听有无异响，检查刹车灯、警示灯、转向灯是否正常，两侧的灯光是否对称，灯罩内是否有雾气，雨刮器是否正常，喇叭是否正常。

3. 运行检查

运行检查包括运行时间记录、液压油温度是否正常、发动机冷却水温度是否正常、机油压力显示是否处于正常值、发动机有无异响、大臂操作是否正常、小臂操作是否正常、铲斗操作是否正常。

4．停机检查

停机检查包括工作装置是否停放完毕、各手柄是否均放在中间位置、是否已切断电源、电门钥匙是否拔出、车门是否已锁好。

5.4.3　检修维护

1．每日检修

每日检修部位见表5.2。

表5.2　　每日检修部位

序号	部位	方式	序号	部位	方式
1	冷却系统液面	检查	6	紧固传动轴螺栓	检查
2	发动机机油油面	检查	7	变速器润滑油面	检查
3	燃油系统水分离器	排放	8	牵引钩	检查
4	发动机油门开度	检查	9	刮水器	检查
5	液压系统油面	检查	10	指示器和仪表	试验

2．每月检修

每月检修部位见表5.3。

表5.3　　每月检修部位

序号	部位	方式	序号	部位	方式
1	燃油滤清器滤芯	检查及清洗	8	制动室	检查
2	进气管路管夹	检查及加固	9	电气系统	检查
3	进气管路软管和凸缘连接件	加固	10	蓄电池电解液	检查
4	通气装置	清洁	11	蓄电池接线柱、电极	加固及润滑
5	前后钢板弹簧销轴	加固	12	电子转速表	检查
6	储气筒	放水	13	转向油罐油面高度	检查
7	气压表	检查			

3．每季度检修

每季度检修部位见表5.4。

表5.4　　每季度检修部位

序号	部位	方式	序号	部位	方式
1	发动机机油和滤清器	更换	8	前钢板弹簧U形螺栓和支架	加固及更换
2	燃油系统滤清器	更换	9	后钢板弹簧锁紧螺栓	加固
3	三角皮带	检查/调整/更换	10	空滤器集成杯	清洗
4	变速器通气装置	更换	11	平衡悬挂	检查
5	主减速器和轮边减速器润滑油	更换	12	备胎	检查及固定
6	平衡轴轴承油	检查及更换	13	转向杆	检查
7	传动轴	检查及修复			

4. 每年检修

每年检修部位见表5.5。

表5.5 每年检修部位

序号	部位	方式	序号	部位	方式
1	润滑油	更换	8	油罐油滤器	检查及更换
2	齿轮油	更换	9	转向系统	检查
3	喷油嘴开启压力	检查	10	液压系统液压油滤清器（吸油）	更换
4	回转齿轮	润滑	11	液压系统液压油滤清器（先导）	更换
5	变速器通气装置	更换	12	液压系统液压油滤清器（回油）	更换
6	备胎	更换	13	回转驱动油	更换
7	车轮制动器	清洁			

5. 每两年的检修

每两年检修部位见表5.6。

表5.6 每两年检修部位

序号	部位	方式	序号	部位	方式
1	座椅安全带	更换	3	液压系统液压油	更换
2	电瓶	更换	4	冷却系统冷却液	更换

6. 需要时的保养

需要时保养的部位见表5.7。

表5.7 需要时保养的部位

序号	部位	方式	序号	部位	方式
1	空调器滤清器	检查/更换	8	发动机空气滤清器细滤芯	更换
2	蓄电池	回收	9	保险丝	更换
3	蓄电池、蓄电池电缆或蓄电池断路开关节	更换	10	液压油箱滤网	清洗
4	连杆机构	检查/调整	11	润滑油滤清器	检查
5	驾驶室空气滤清器	清洁/更换	12	散热器芯	清洁
6	断路器	复位	13	履带调整	调整
7	发动机空气滤清器粗滤芯	清洗/更换	14	车窗	清洁

5.5 常见故障及排除

5.5.1 电气系统

1. 作业灯、主臂灯、室内灯不亮

作业灯、主臂灯、室内灯不亮可能原因及根除办法见表5.8。

表5.8　作业灯、主臂灯、室内灯不亮可能原因及根除办法

序号	可能原因	根除办法	序号	可能原因	根除办法
1	灯泡损坏	更换	4	导线断路	修理
2	熔断器烧坏	更换	5	开关失效	修理或更换
3	接地不良	修理			

2. 刮水器、蜂鸣器

刮水器、蜂鸣器故障可能原因及根除办法见表5.9。

表5.9　刮水器、蜂鸣器故障可能原因及根除办法

序号	可能原因	根除办法	序号	可能原因	根除办法
1	熔断器烧毁	更换	4	接地不良	修理
2	开关失效	更换	5	导线断路	修理
3	电动机损坏	更换	6	力限器不良	修理

3. 高度限位器失灵

高度限位器失灵可能原因及根除办法见表5.10。

表5.10　高度限位器失灵可能原因及根除办法

序号	可能原因	根除办法	序号	可能原因	根除办法
1	熔断器烧毁	更换	5	重锤绳破断	更换
2	卷线盒出故障	修理或更换	6	限位开关接地不良	修理
3	导线断路	修理	7	力矩限制器不良	修理
4	限位开关失灵	更换			

4. 长度传感器故障

长度传感器故障可能原因及根除办法见表5.11。

表5.11　长度传感器故障可能原因及根除办法

序号	可　能　原　因	根　除　办　法
1	长度检测器拉线断	检查电缆插头，换拉线
2	长度检测器电位器调整不当	重新调整
3	长度检测器内传动齿轮打滑	调整齿轮啮合间隙
4	电缆及电缆接头短路或断路	修理或更换
5	长度参数设置不当	重新设置

5. 过卷切断装置不动作

过卷切断装置不动作可能原因及根除办法见表5.12。

表 5.12 过卷切断装置不动作可能原因及根除办法

序号	可能原因	根除办法	序号	可能原因	根除办法
1	熔断器烧毁	更换	5	重锤绳破断	更换
2	卷线盒出故障	检修或更换	6	电磁阀失效	检修或更换
3	导线短路	检修	7	电磁阀接不良	检修
4	限位开关失效	更换			

5.5.2 液压系统

1. 液压泵故障

液压泵故障可能原因及根除办法见表 5.13。

表 5.13 液压泵故障可能原因及根除办法

序号	可能原因	根除办法	序号	可能原因	根除办法
1	油量不足	加油	5	传动轴振动	修理
2	吸油管路进气	修理排气	6	万向节磨损	更换
3	安装螺栓松动	拧紧	7	液压泵出故障	修理或更换
4	液压油污染	换油或过滤			

2. 支腿故障

支腿故障可能原因及根除办法见表 5.14。

表 5.14 支腿故障可能原因及根除办法

序号	可能原因	根除办法	序号	可能原因	根除办法
1	下车溢流阀压力调整	调整	5	溢流阀调定压力过低	调整
2	污物卡住溢流先导阀芯	拆开清洗	6	双向液压锁失效	修理或更换
3	控制阀失效	修理或更换	7	油缸内部漏油	修理或更换
4	控制阀内部失效	修理	8	油缸外漏	修理或更换

5.5.3 回转机构

1. 不回转

不回转可能原因和根除办法见表 5.15。

表 5.15 不回转可能原因和根除办法

序号	可能原因	根除办法	序号	可能原因	根除办法
1	下车多路阀的溢流阀挑定压力过低	调整	4	回转阀失效	更换
2	回转阀的溢流阀调定压力过低	调整	5	液压马达损坏	更换
3	回转反冲阀调定压力过低	调整	6	回转机构减速器故障	检修

2. 回转动作缓慢

回转动作缓慢可能原因和根除办法见表5.16。

表5.16 回转动作缓慢可能原因和根除办法

序号	可能原因	根除办法	序号	可能原因	根除办法
1	下车多路阀的溢流阀挑定压力过低	调整	3	回转反冲阀故障	更换
			4	回转阀故障	更换
2	回转阀的溢流阀调定压力过低	调整	5	液压马达故障	更换

3. 无法自由滑转

无法自由滑转可能原因和根除办法见表5.17。

表5.17 无法自由滑转可能原因和根除办法

序号	可能原因	根除办法	序号	可能原因	根除办法
1	开关失效	检修或更换	4	回转缓冲阀故障	检修
2	导线断路	检修	5	回转制动器没打开	检修
3	回转电磁阀故障	检修或更换			

5.5.4 变幅机构

1. 油缸伸不出

油缸伸不出可能原因和根除办法见表5.18。

表5.18 油缸伸不出可能原因和根除办法

序号	可能原因	根除办法	序号	可能原因	根除办法
1	主阀溢流阀调定压力过低	调整	3	油缸内部漏油	检修
2	主阀内部漏油	检修			

2. 油缸缩不回

油缸缩不回可能原因及根除办法见表5.19。

表5.19 油缸缩不回可能原因及根除办法

序号	可 能 原 因	根 除 办 法
1	变幅平衡阀故障	检修或更换
2	电气系统故障	检修

3. 作业中油缸自然缩回

作业中油缸自然缩回可能原因及根除办法见表5.20。

表5.20 作业中油缸自然缩回可能原因及根除办法

序号	可 能 原 因	根 除 办 法
1	油缸内部漏油	检修
2	变幅平衡阀故障	检修

5.5.5 伸缩机构

1. 主臂缩不回

主臂缩不回可能原因及根除办法见表5.21。

表5.21 主臂缩不回可能原因及根除办法

序号	可能原因	根除办法	序号	可能原因	根除办法
1	伸缩平衡阀故障	检修	3	电气系统故障	检修
2	主阀内部漏油	检修			

2. 主臂伸不出

主臂伸不出可能原因及根除办法见表5.22。

表5.22 主臂伸不出可能原因及根除办法

序号	可能原因	根除办法	序号	可能原因	根除办法
1	溢流阀调定压力过低	调整	4	电磁截流阀卡住	检修
2	主臂长度检测器调整不良	调整或检修	5	控制阀故障	检修
3	电气系统故障	检修			

3. 作业中主臂自然缩回

作业中主臂自然缩回可能原因及根除办法见表5.23。

表5.23 作业中主臂自然缩回可能原因及根除办法

序号	可能原因	根除办法
1	伸缩平衡阀故障	检修
2	主阀内部漏油	检修
3	油缸、阀或接头向外漏油	检修

5.5.6 起升机构

1. 不能起钩/降钩

不能起钩/降钩可能原因及根除办法见表5.24。

表5.24 不能起钩/降钩可能原因及根除办法

序号	可能原因	根除办法
1	主阀溢流阀调定压力过低	调整
2	液压马达故障	更换
3	电气系统故障	检修
4	主阀故障	检修
5	卷扬制动器未打开	检修

2. 制动器失效

制动器失效可能原因及根除办法见表5.25。

表5.25　制动器失效可能原因及根除办法

序号	可能原因	根除办法
1	制动器未打开（先导油源压力过低）	调整
2	制动器中制动片磨损严重	更换
3	制动油路进气	排气
4	液压马达故障（容积效率过低）	更换

第 6 章

脱　钩　器

6.1　设　备　概　述

脱钩器是用于工程上防洪截流、填海造田投放作业，也可用于其他工况搬运投放作业。其由卡块、卡块螺钉、遥控无绳脱钩器、钳臂、钳臂轴、弹性挡圈、曲梁、复合式脱钩器本体、供电插头、电源组成。遥控器响应范围 100m（实际距离与周围环境有关），脱钩器直接或通过尼龙吊带挂在传统吊钩上使用，解决手动拉绳脱钩在使用中，受到物体高低、旋转、距离等因数的影响带来的操作不便，减小工人劳动强度。操作中，无外力作用可增加投放作业精度。

6.2　基　本　结　构

脱钩器基本结构如图 6.1 所示。

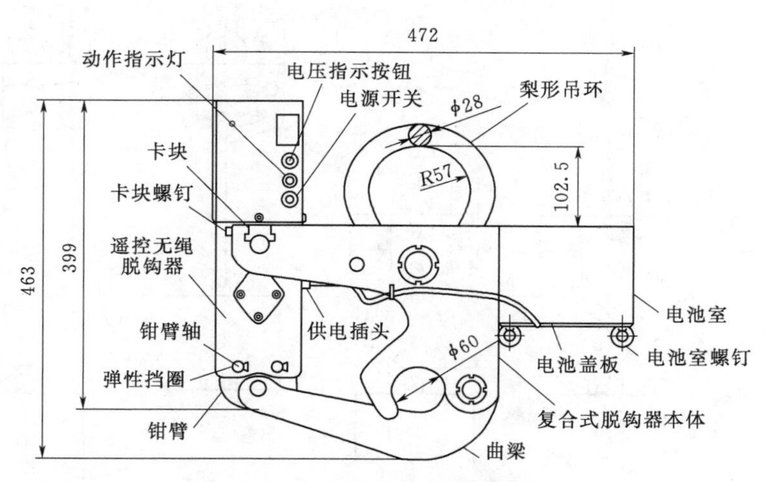

图 6.1　脱钩器基本结构

动作指示灯：该指示灯亮代表钳臂从闭合到打开，或从打开到闭合状态过程中，动作时间 3～5s。系统因过载超时或故障，该灯闪烁。

6.3 设备使用操作

6.3.1 遥控器

遥控器结构如图6.2所示。

注：所有按键均需按下松开后方可响应指令。

键A：闭合钳臂；

键B：打开钳臂；

键C：停止内部马达运转或警报，平时不起任何作用；

键D：该键与系统设置有关，按下超过2s后松开方可起效，一般不需操作；

若不慎按错，按4次键C，取消设置。

遥控器响应范围100m（实际距离与周围环境有关一般大于50m）。

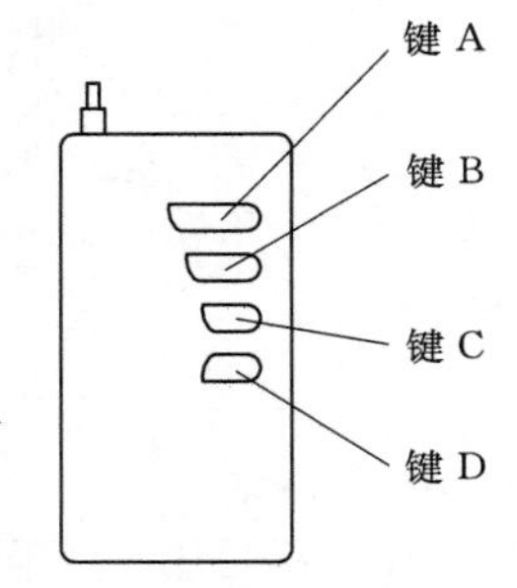

图6.2 遥控器结构

6.3.2 脱钩器操作

(1) 将脱钩器挂在吊钩上，打开电源开关。按键B打开钳臂，等待指示灯亮后再灭后，用手微微用力使曲梁打开。

(2) 将重物吊缆套在曲梁上，并向右移动至与本体合围的60空间内（严禁挂在左侧区域内）(图6.3)。同时手托起曲梁放入左侧钳臂中，按键A合上钳臂，等指示灯灭，再松开手。有时钳臂开口比较小，可用手轻松拔开（图6.4)。

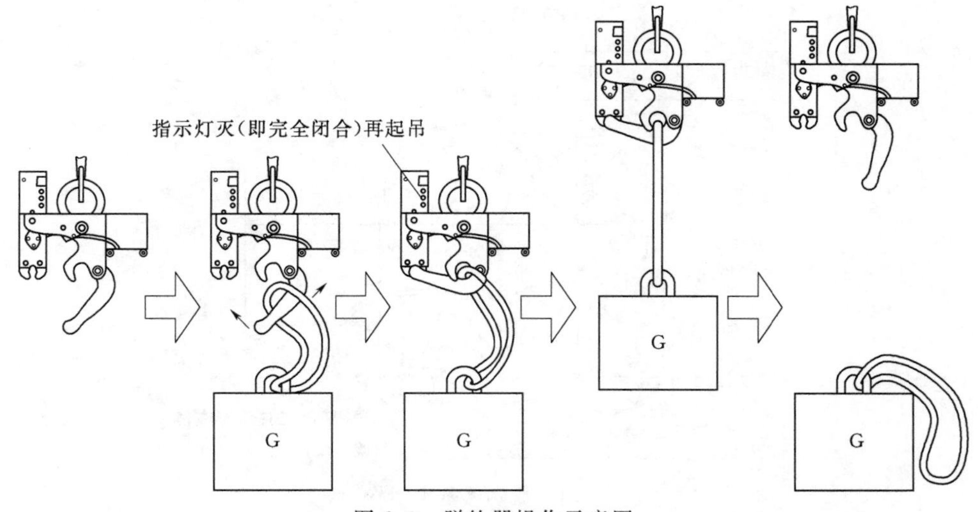

图6.3 脱钩器操作示意图

(3) 当重物提升到一定位置和高度后，按键B，打开脱钩，（键B响应到重物落下为3～5s左右)。

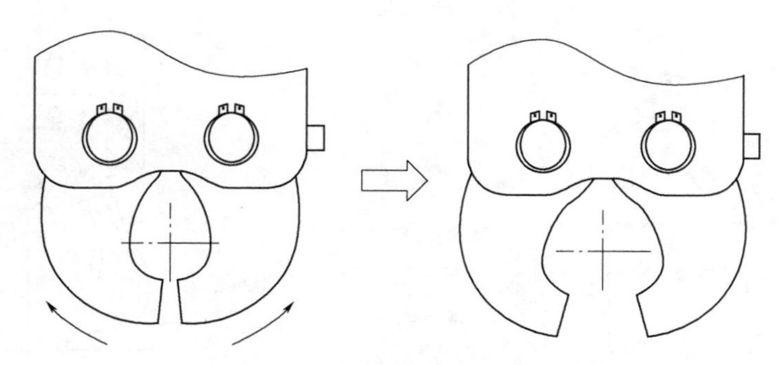

图 6.4 钳口开口示意图

（4）用完后关闭电源取下脱钩器。

6.3.3 注意事项

（1）重物下落的方向下面禁止有人，以免发生意外；如果特殊情况需要附加保险装置，如图 6.5 所示。

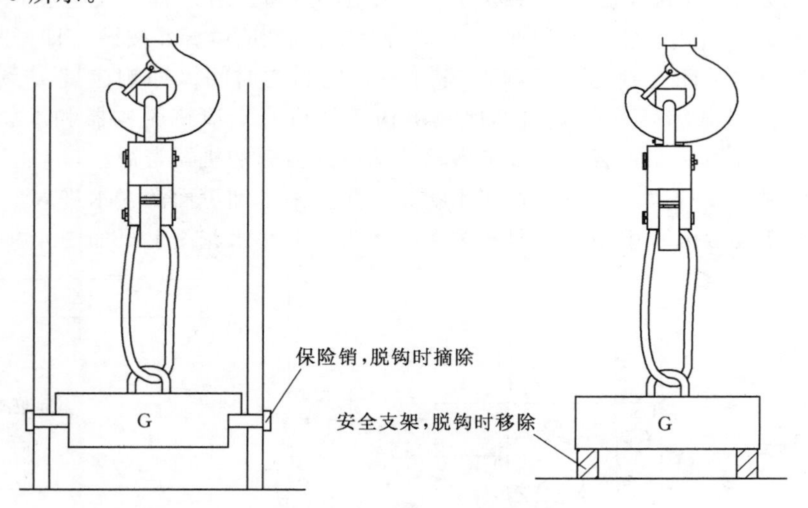

图 6.5 附加保险装置示意图

（2）每次操作前，请检查紧固件是否松脱；如果脱钩器梨形环挂不进吊钩，可以通过其他吊具再挂在吊钩上，建议不要使用弹性很大的吊具（图 6.6）。

（3）设备在允许载荷下使用，并且挂在挂载区内，否则可能会对设备造成永久性的破坏，如图 6.7 为错误做法。

（4）挂钩时需要谨慎操作，不要使无绳脱钩器钳臂动作时受到阻力作用。不能将手放入两钳臂闭合处，也不要使吊具在绷紧状态下挂钩（图 6.8）。以免内部马达堵转使脱钩器没有完全闭合发生坠落危险，同时也影响机器寿命或对人体造成伤害。

（5）键 A（闭合）和键 B（打开），两键互斥，即脱钩器响应其中一个，再按其他键（C 键除外）不会响应，除非其动作结束或按键 C（停止）。

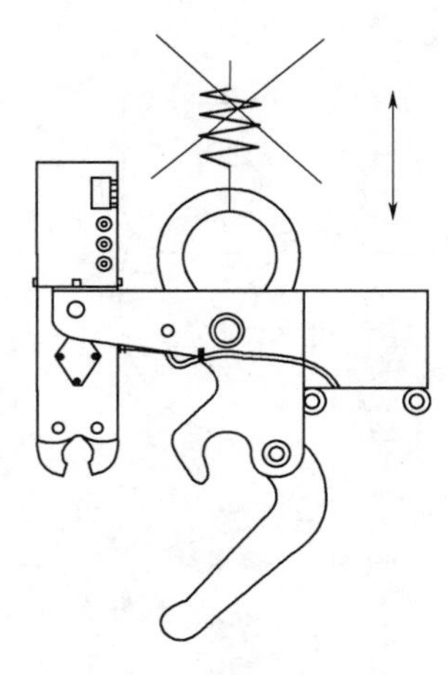

图 6.6　弹性吊具禁用示意图

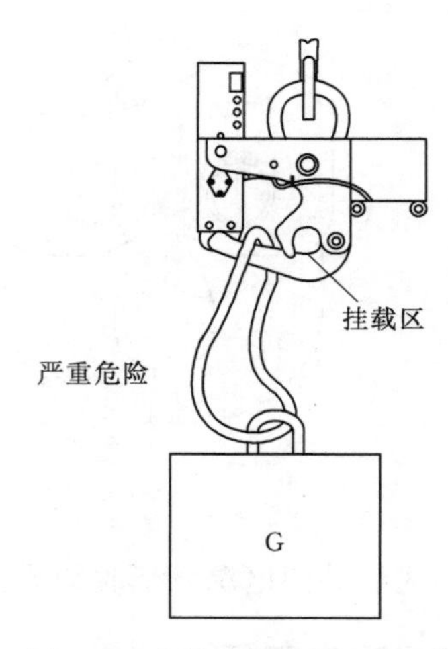

图 6.7　未挂在挂载区示意图

(6) 操作以指示灯为信号，操作后未必钳臂马上做出动作反应（内部含有保险机构），从打开到闭合或从闭合到打开过程持续约 5s，请耐心等待！若过程持续超过 9s（可能因内部马达过载堵转），此时，指示灯闪烁，内部主回路自动切断电源，按键 C 即可解除警报。

(7) 虽然钳臂从闭合到打开过程持续约 5s，但脱钩时间（即响应键 B 到重物落下）约为 3s。若马达过载堵转（此时内部保险机构已经打开）请将脱钩器和重物一同放下，卸载后，方可打开脱钩器，否则若直接启动马达可能会影响机器寿命。

(8) 供电插头要拧紧，设备垂直使用状态，防止雨水和下面溅射水进入。不要倒过来放置于户外更不要放入水中使用。向水中丢物体为了减小水花溅射可如图 6.9 操作。

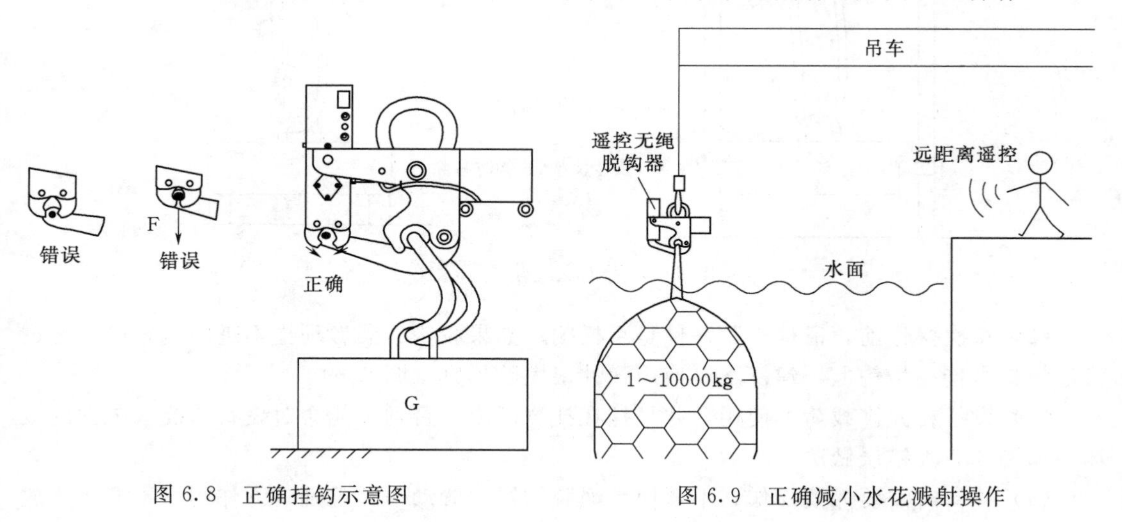

图 6.8　正确挂钩示意图

图 6.9　正确减小水花溅射操作

6.4 设 备 管 理

(1) 脱钩器充满电约 16.8V 左右，放电放到 12.2V 左右会停止动作响应。电压可通过电压指示按钮显示，使用完建议充满电存放，电压掉至13V以下应立即充电，建议3个月检查一次。

（2）充电时需要取下电池组，充电器建议先插电池组这头，再插交流220V。这样可以避免电池组插头的电火花腐蚀，插接要到位。

（3）如果脱钩器需要修护可通过拆下遥控无绳脱钩器两侧卡块，从复合式脱钩器本体上卸下遥控无绳脱钩器（重10kg），返厂维修。如果遥控无绳脱钩器挂住曲梁，可卸下钳臂销弹性挡圈，拔出对称的钳臂销，向外拉钳臂，可卸下扣曲梁，再将钳臂销和弹性挡圈回去（图6.10）。

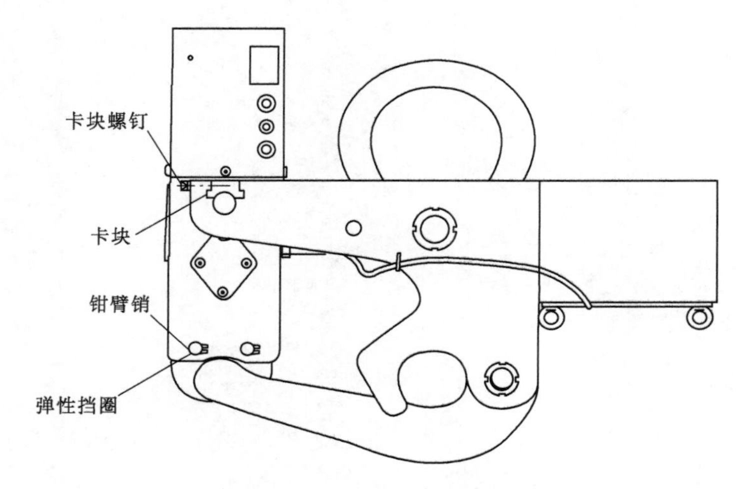

图6.10　卸下脱钩器

6.5　常见故障及排除

（1）按下开关后，脱钩器不响应。可能原因电池没电，须及时跟换或者超过响应距离，应靠近后再操作。

（2）指示灯正常，拖钩器无响应，可能脱钩器内部马达出现问题，应及时对其进行维修更换。

第 2 篇

防汛抢险移动发电和照明设备

近年来，随着江苏省水利工程建设与管理的现代化持续推进，工程水利在防汛抗旱中发挥了显著成效。但随着全球厄尔尼诺灾害性气候和局部极端天气的影响，加上目前城市配套下水管网设施建设滞后，局地突发性的水旱灾害频繁发生，这就对防汛抗旱应急抢险能力建设提出了更高的要求。然而面对突发灾害现场复杂的环境和客观因素，大部分防汛抢险设备受到了诸多制约，在这种背景下防汛抢险通用设备就起到了关键作用。

目前，据调查了解，在各类防汛抢险现场设备使用和运行的最大阻碍就是电力的提供和照明的保障问题。所以充分利用好防汛抢险移动发电和照明设备是圆满完成抢险任务的重要前提。

电力不是无处不在的。比如在强风暴雨，电线杆倒塌，电路断路，地形偏僻，电网不覆盖，民用电网容量不足等情况下，临时架设电网成本过高且时间较长制约了各种防汛抢险方案的实施，在这种背景下移动电站（又称发电机组）就能发挥作用。在开展应急抢险时针对电力欠缺现象，可以通过测算所有抢险用电设备的功率总和，匹配不同功率和数量的发电机组，以满足应急抢险过程中电动潜水泵、专业抢险电动工具、特种照明器材等设备的电力需求。

在面对突发洪涝灾害时，为了快速有效地缓解灾情，抢险队员需要争分夺秒完成各种防汛应急抢险任务，通宵达旦进行抢险安装作业。这就需要充足的照明，来有效保障抢险队员的人身安全，提高安装工作效率。防汛抢险照明器材可以满足防汛防旱应急抢险作业的多种照明需求。目前多支防汛抢险队伍主要装备的照明器材有全方位自动泛光照明灯塔、全方位移动照明灯塔等。

本篇将重点围绕防汛抢险移动发电和照明设备的概述、构造、使用、操作、管理和常见故障的排除几个方面开展详细的介绍和描述，为读者进一步了解和掌握防汛抢险移动发电和照明设备的相关知识提供有力保障。

第7章

移　动　电　站

7.1　设　备　概　述

目前，江苏省防汛抢险工作中配套的柴油发电机组有200kW、250kW、500kW、800kW等输出功率的机型，发电机组的运输、安装、运行必须遵守操作规程，确保安全运行。本章以200kW和250kW为例开展介绍，这两类发电机组具有运输方便、输出稳定等优点，能够随时随地提供电力保障，广泛应用于各种应急抢险中，大大提高了防汛抗旱应急抢险能力（图7.1）。

图7.1　移动电站

7.2　基　本　结　构

200kW、250kW发电机组采用的是房箱轮式结构，主要由柴油发动机，发电机、控制操作箱和底盘4部分组成。它的工作原理是通过大功率柴油机驱动发电机运转产生电流，再由控制操作箱内智能电子模块根据发电机组外接载荷，自动调整发电机组的输出功率，满足抢险设备的用电需求。

7.2.1　整体构造图示

发电机组整体构造如图7.2所示，其各部件名称及作用见表7.1。

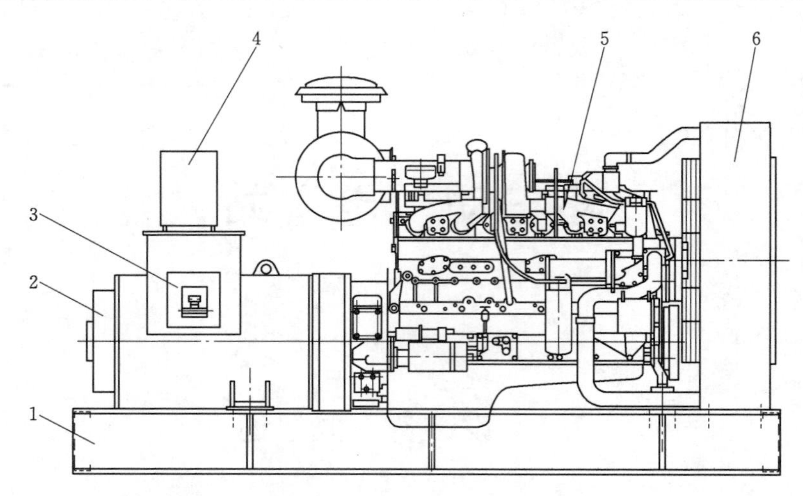

图 7.2 发电机组整体构造（注：图注说明见表 7.1）

表 7.1 发电机组部件名称及作用

序号	部件名称	作 用	序号	部件名称	作 用
1	机组底架	支撑发电机组	4	控制箱	控制保护
2	发电机	提供电力	5	发动机	提供发电所需动力
3	空气开关	通断电及过流保护	6	散热水箱	冷却发动机冷却液

7.2.2 设备参数

两种机组的设备参数见表 7.2。

表 7.2 两种机组的设备参数

机组型号	200kW	250kW	输出控制	数控	数控
工作频率	50Hz	50Hz	柴油机气缸数	6	6
额定电压	380V	380V	燃油种类	柴油	柴油
输出功率	200kW	250kW	启动电压	24V	24V
额定转速	1500r/min	1500r/min	轮胎胎压	$4kg/cm^2$	$5kg/cm^2$

7.2.3 柴油发动机

1. 工作原理

200kW 和 250kW 发电机组主要使用了康明斯柴油发动机。康明斯柴油机在许多方面与火花点燃式发动机不同。它的压缩比较高，在进气冲程中进入燃烧室的仅仅是空气而无燃油混合气。康明斯喷油器接受来自燃油泵的低压燃油，并定时定量将燃油以雾状送入各个燃烧室进行燃烧。燃油着火是由燃烧室中压缩空气的热量引起的。

4 个冲程及顺序为：进气冲程、压缩冲程、做功冲程及排气冲程（图 7.3）。为了使 4 个冲程正常工作，气门及喷油器的动作必须与活塞 4 个冲程中的每一个冲程发生直接的联系。进气门、排气门及喷油器通过挺杆及凸轮随动臂、推杆、摇臂和气门十字头由凸轮轴推动。

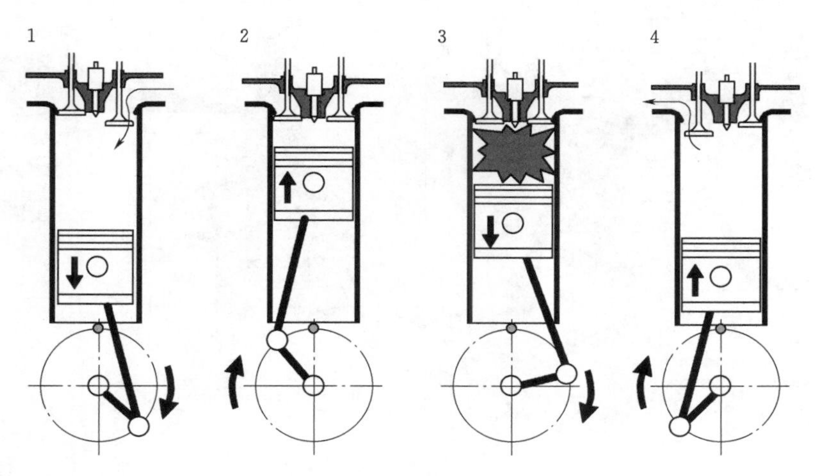

图7.3 4个冲程及顺序

2. 组成系统构造图

(1) 燃油系统流程如图7.4所示。

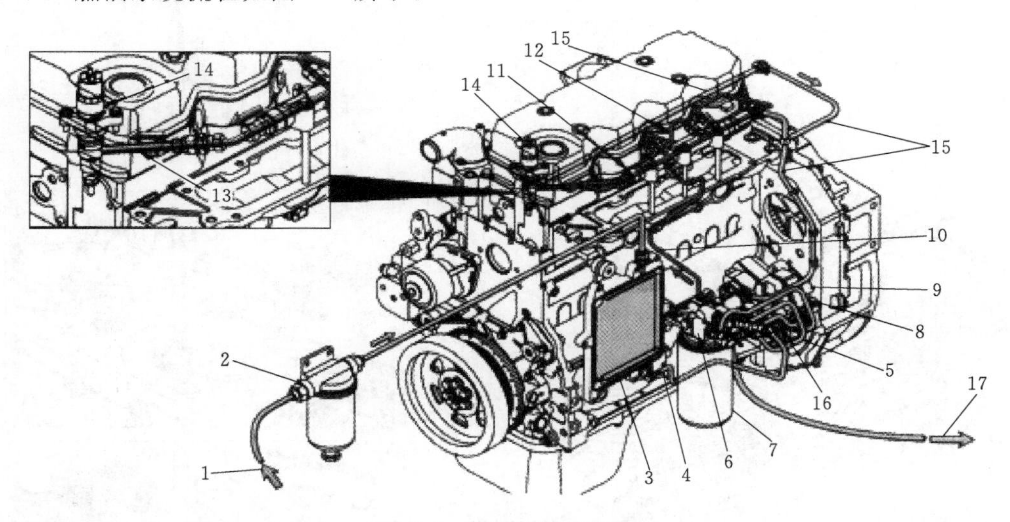

图7.4 燃油系统流程图

1—来自燃油箱；2—水/燃油分离器（可能没有安装在发动机上）；3—ECM冷却板；4—至燃油齿轮泵；5、7—燃油滤清器；6—燃油滤清器座；8—至高压油泵；9—高压油泵；10—至燃油油轨；11—燃油油轨；12—至喷油器；13—高压连接件；14—喷油器；15—来自喷油器和油轨的燃油流回燃油滤清器座；16—来自高压油泵的燃油流回燃油滤清器座；17—至燃油供应油箱

(2) 润滑系统流程如图7.5所示。

(3) 冷却系统流程如图7.6所示。

(4) 进气系统和排气系统流程如图7.7和图7.8所示。

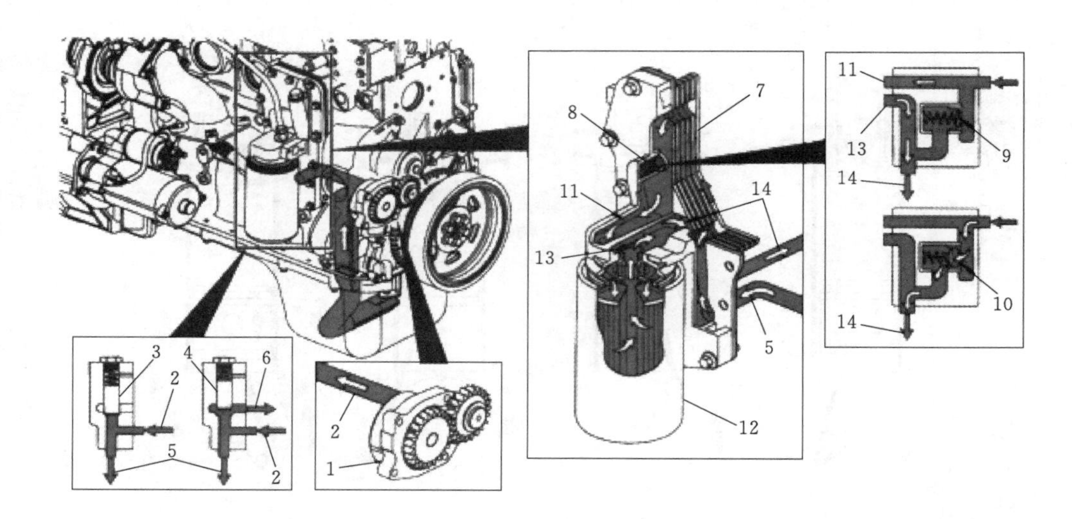

图7.5　润滑系统流程图

1—转子式机油泵；2—来自机油泵；3—压力调节阀关闭；4—压力调节阀打开；5—至机油冷却器；6—至机油泵入口；7—机油冷却器；8—滤清器旁通阀；9—滤清器旁通阀关闭；10—滤清器旁通阀打开；11—至机油滤清器；12—全流式机油滤清器；13—来自机油滤清器；14—主油道

图7.6　冷却系统流程图

1—冷却液入口；2—水泵叶轮；3—冷却液流过机油冷却器；4—冷却液流过气缸；5—冷却液从缸体流入缸盖；6—冷却液在气缸之间流动；7—冷却液流入节温器壳体；8—冷却液旁通路线；9—冷却液流回散热器；10—旁路打开；11—冷却液在缸盖中旁通；12—冷却液流回水泵入口

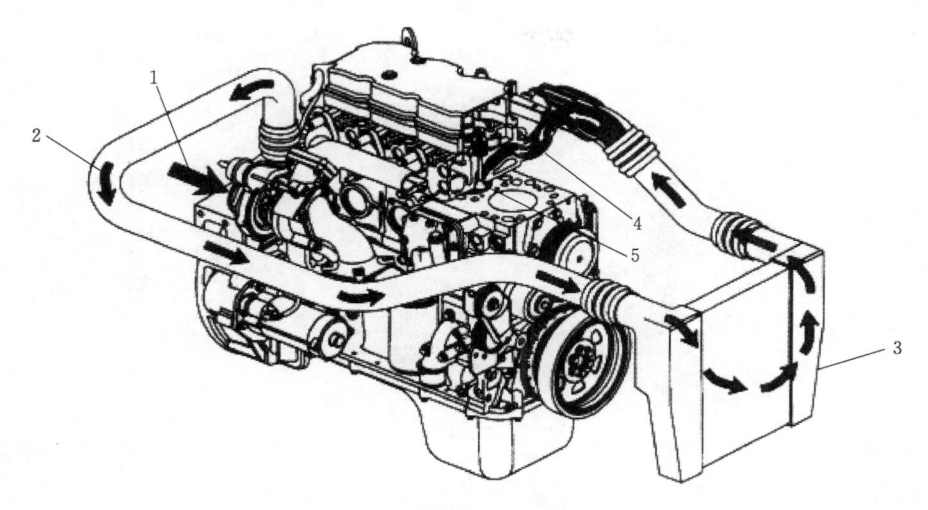

图 7.7 进气系统流程图

1—空气进入涡轮增压器；2—经过涡轮增压器的空气进入空-空中冷器；
3—空-空中冷器；4—进气歧管（缸盖的一部分）；5—进气门

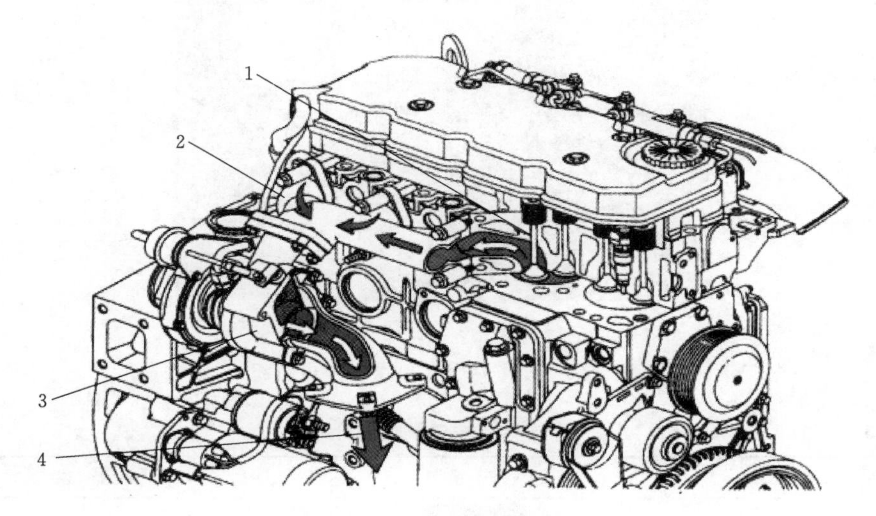

图 7.8 排气系统流程图

1—排气门；2—排气歧管；3—涡轮增压器；4—涡轮增压器废气出口

7.2.4 发电机

发电机结构如图 7.9 所示。

7.2.5 操作界面

操作界面如图 7.10 所示，其按键及功能介绍见表 7.3。

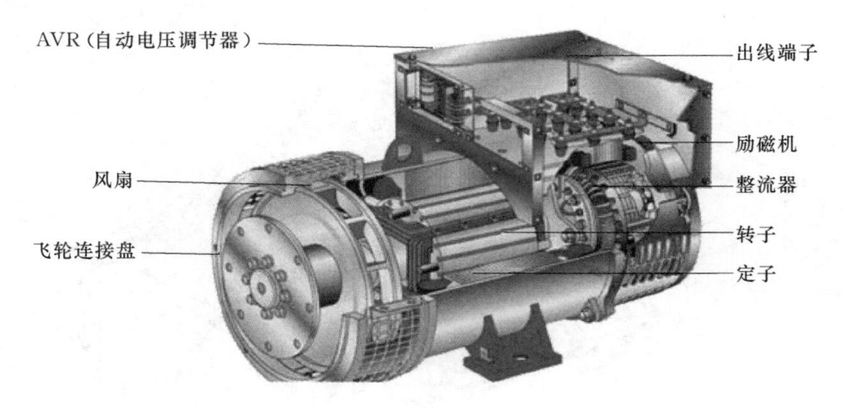

图7.9 发电机结构

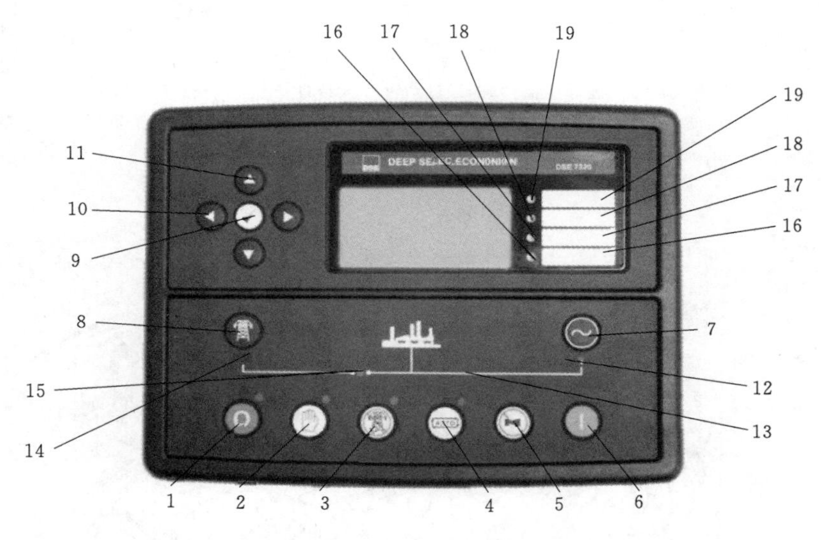

图7.10 操作界面（200kW发电机组）

表7.3 操作界面按键及功能介绍

序号	类型	按键	功能描述
1	按键		发电机组停机、故障复位键
2			发电机组手动模式键
3			模拟市电故障测试键
4		AUTO	发电机组自动模式键

续表

序号	类　型	按　键	功 能 描 述
5	按键		静音键
6			发电机组启动键（在手动模式时有效）
7			发电合闸键
8			市电合闸键（使用AMF功能时有效）
9			进入及确认键
10			左右菜单导航键，循环选择菜单
11			上下选择键，循环查看菜单各参数
12	LED指示灯		发电存在（发电机组运行正常），绿灯亮
13			发电合闸（机组给负载供电），绿灯亮
14			市电存在（使用AMF功能有效），绿灯亮
15			市电合闸（使用AMF功能有效），绿灯亮
16			公共报警，绿灯亮
17			低油压报警，绿灯亮
18			高水温报警，绿灯亮
19			自动模式指示，绿灯亮

7.3 设 备 使 用

7.3.1 启封要求

发电机组经过长时间封存后，进入汛前准备阶段或应急使用时，需要做好发电机组的启封工作。

（1）检查发电机组轮胎胎压，确保轮胎气压在$4kg/cm^2$左右；对柴油机排气管解封；加注润滑黄油。

（2）揭开机组防尘遮布并进行清洁工作，按照柴油机机油油位要求加注机油；加注防冻冷却液；根据气温加注不同型号的柴油。

（3）对整个发电机组的燃油供给系统、调速系统、电路控制系统等进行清洁检查。

（4）正确安装好启动蓄电池。发电机组启动蓄电池是由2个电压为12V、容量为200AH的蓄电池串联组成，在进行蓄电池接线时，要求蓄电池的正、负极必须与启动马达正、负极桩头对应连接，否则会造成启动马达烧毁，同时必须按照正确的顺序接线，先接正极后接负极，在拆除蓄电池时，先拆负极后拆正极，否则在连接或拆除启动马达正极桩头时容易造成电击事故。

7.3.2 设备运输

发电机组主要通过两种方式进行运输。

（1）长途运输可采用货车整机吊装运输的方式，这种运输方式需要做好发电机组的整机固定和轮胎固定工作，防止松脱，如图7.11所示。

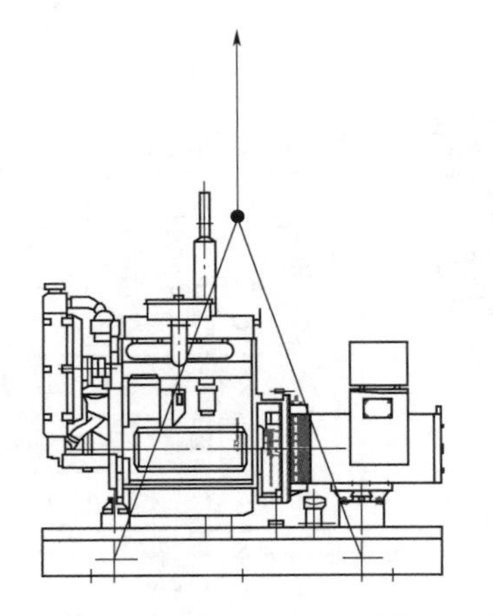

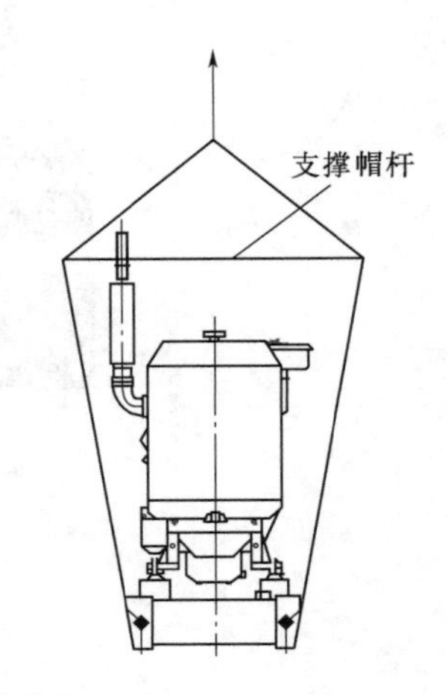

图7.11 整机吊装

（2）短途运输可采用外挂牵引方式，这种运输方式需要连接好发电机组的方向牵引机构和警示灯，并且必须低速行驶以防失控，如图7.12所示。

图7.12 外挂牵引方式

7.3.3 操作环境

（1）发电机组通过运输到达防汛抗旱应急抢险现场后，首先需要对发电机组开展固定工作。根据输电距离选择开阔平整的场地，打开机组四周箱门，固定四只车轮或架设支架使发电机组保持相对水平。如果发电机组在较大倾斜面运行，发电机组的运行振动会影响整机固定安全，长时间运行还会加大发电机组磨损，导致供油、冷却水，机油等相关仪表失准。200kW 的发电机组可以在前后轮下安装木块固定四轮，250kW 的发电机组可通过机械式支撑杆进行固定。

（2）应使用符合 GB 252 或 BS 2869 等标准的柴油，并按工作地点的气温选用合适的牌号。符合 GB 252 标准的柴油使用环境及牌号请参阅表 7.4。

表 7.4　　符合 GB 252 标准的柴油使用环境及牌号

环境最低温度/℃	轻柴油牌号	环境最低温度/℃	轻柴油牌号
>5	0 号	－15～－29	－35 号
4～－4	－10 号	－30～－44	－50 号
－5～－14	－20 号		

（3）应使用适合 API、GB 7631.3、MIL－L－2104D 等标准的机油，机油选用 API－CG－4 牌号，所有机油均应按工作地点环境温度选择合适的黏度牌号机油，机油牌号选择请参照图 7.13（江苏省常用 SAE 15W－40）。

（4）最后根据应急抢险现场输电距离，选择和安装好输出电源电缆，并做好发电机组的接地工作。在用电负载较多的情况下还可以安装二级控制柜，这样能够让专用抢险设备的使用更加安全，输电操作更加便捷。

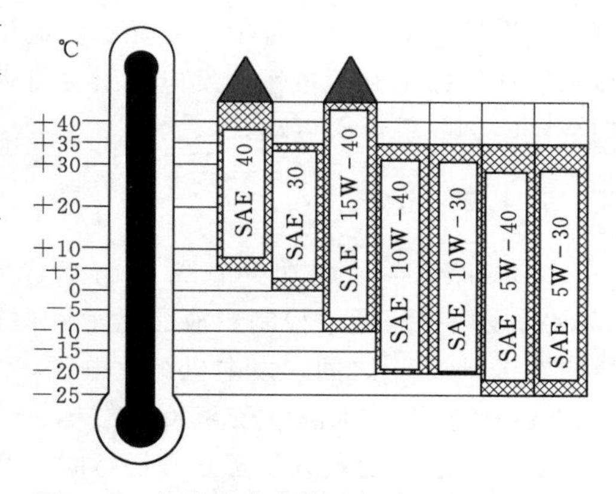

图 7.13　根据温度环境选择合适的机油牌号

7.4　操　作　步　骤

发电机组的操作流程一般分为启动、运行、停机、封存 4 个方面。

7.4.1　启动

1. *启动前检查*

发电机组到达应急抢险现场安装固定后，进入启动前检查工作阶段。

第一步，检查发电机组柴油机机油。检查机油时，先抽出柴油机机油检测尺，用纱布擦净后重新将检测尺完全插入机油检测口，再次拔出确认机油油位是否在检测尺 L 和 H 之间（图 7.14）。

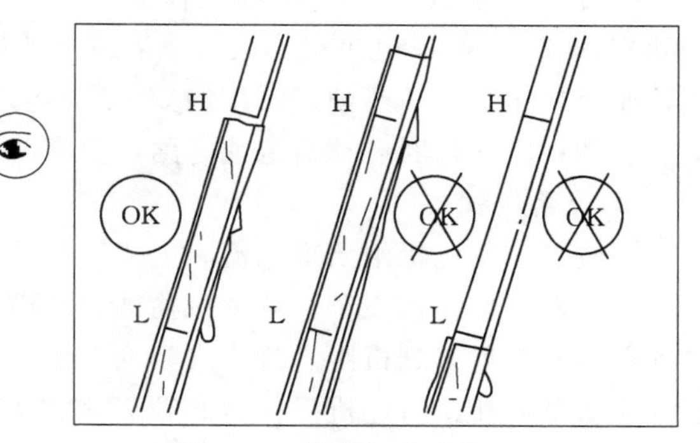

图 7.14　检查机油油位

第二步，检查冷却液水位。检查冷却液时，需拧开柴油机散热器上盖，查看并加满冷却液，切忌不能在柴油机运行或刚停机后打开散热器上盖，这样容易造成烫伤事故。

第三步，查看燃油箱油位显示器，加满发电机组燃油。

第四步，排除柴油机输油管路中的空气。通过柴油机手油泵的上下往复按压，依次排除输油管道、燃油滤清器、柴油机供油泵中的空气。

第五步，打开发电机组控制柜，将紧急停机按钮旋转复位，打开启动钥匙，按照电子显示屏指示检查启动蓄电池电压等参数。

2. 启动

发电机组完成启动前各项准备工作后便可进行启动。这两种发电机组有两种启动方式：手动启动和程序自动启动。200kW 和 250kW 发电机组采用的是程序自动启动方式，打开钥匙后，液晶显示屏上可以显示发电机组的启动电压、运行小时等信息，确认无故障显示后便可按下开机按钮，发电机组会自动进行预热，10s 倒计时后启动，如果启动不成功会延时 20s 后再次启动。

7.4.2 运行

发电机组启动成功并正常运行后，需要检查发电机组运行技术参数。200kW 和 250kW 发电机组通过控制箱液晶显示屏便可检查相关运行技术参数，其中蓄电池充电电压应在 25～27V 之间，发电机组发电频率为 50Hz，柴油机转速为 1500r/min，工作电压应在 380V 左右，水温应在 85℃左右等。

发电机组带动负载设备正常运行时，必须要设置好相关警示隔离标志，并对输出电源电缆做好保护措施。抢险值班人员需要每小时检查并记录机组输电技术参数和柴油机工作状态，确保供电安全。发电机组应避免长时间低负荷或者空载运行，因为这种运行状态下效率低，经济性差，同时会造成柴油机缸体积碳等问题。

7.4.3 停机

在防汛抗旱应急抢险任务结束和发电机组出现故障等情况下，需要对机组进行停机操作。发电机组的停机操作一般分为正常停机和紧急停机两种。

1. 正常停机

应首先卸除负载，断开机组控制箱内总电源输出空气开关，然后进行停机操作。200kW 和 250kW 发电机组停机时只需按下停机按键，发电机组控制系统会自动调整柴油机转速至怠速状态，柴油机工作约 60s 后自动停机。发电机组成功停机后，需要关闭发电机组启动钥匙并切断启动蓄电池电路，关闭柴油机输油阀，并记录运行数据。

2. 紧急停机

一般是在发电机组出现电流、电压、机油温度等运行参数严重超标；柴油机供油泵系统失灵，发生柴油机飞车；柴油机输油管路破裂；发电机组发出异常的震动或敲击声；观察到可能发生危害到机组、操作人员安全的火灾、漏电或其他自然灾害等突发情况时，需要抢险队员果断执行停机操作。200kW 和 250kW 发电机组的紧急停机操作要求抢险队员按下控制箱内紧急停机专用按钮实现停机，如果不能实现停机，则需要切断柴油机供油管路。发电机组实现紧急停机后，根据故障现象，进行排查检修。

7.4.4 封存

发电机组在防汛抗旱应急抢险任务完成后，需要做好入库封存工作。首先按照发电机组运行记录对整机进行维护保养，如清洁发电机组，更换机组轮胎，更换柴油机机油、机油滤清器、空气滤清器等；其次根据维护保养发现的或运行记录中记载的故障现象，进行逐一检查维修；然后拆卸启动蓄电池，并定期对电池进行维护；最后根据外观情况可以开展油漆、防尘工作、柴油机排气管封罩，完成入库封存。

7.4.5 操作安全

1. 注意事项

（1）确保机组的安装能满足所有适用的安全标准和地方性电气标准，所有的安装要由经过培训的专业抢险人员来实施。

（2）机组由千斤顶支承或在吊钩上时，不允许进行任何修理操作，务必用木块垫起或用专用的支架支承后方可进行操作。

（3）对于下列涉及危害人身安全的柴油机零部件，不允许进行修理，如发现有损坏的痕迹，应予以更新：平衡重块、平衡轴组件、冷却风扇组件、风扇轮毂组件、风扇安装座架、风扇固定螺栓、起吊板、增压器压气机蜗壳、增压器透平蜗壳、增压器进油管、减振器固紧螺栓、连杠螺栓、燃油电磁阀组件、燃油高低压油管。

（4）不得在风扇部位翘动柴油机旋转，这种不正常的操作会造成严重的人身伤害或使风扇叶片损害。

（5）不得在防护盖、维修盖或出线盒盖开启时运行机组。

（6）若机组处于工作状态或冷却液处于热态时，应等停机后水温低于50℃以下才可开启水箱盖，以免蒸汽和开水喷出烫伤。

（7）机组运转时，切勿触及或靠近风扇、皮带等旋转部件，以免手或衣服等卷入。

（8）在拆卸或松开任何管路、固定接头或有关部件之前，要先释放空气、润滑油或冷却系统的压力，不得用手检查渗漏，防止高压的燃油或润滑油伤害到人体。

2. 安全警告示意图

（1）“ ”：注意防止手、衣服被卷入，贴在风扇、皮带等旋转零件附近。

（2）“ ”：注意防止高温烫伤，贴在排气管、增压器、中冷器进气管、膨胀水箱等高温部件防护盖上。

（3）“ ”：当心触电，贴在发电机所有维修板和出线盒盖上。

（4）“ ”：注意安全，贴在永磁发电机罩及发电机盖板附近。

7.5 设备管理

7.5.1 日常管理

1. 外观检查

确保各零部件完好，连接紧固、没有缺损，覆盖件无开裂和锈蚀，外部和内部无任何可能使人致伤的尖锐突起，门锁应牢固可靠，没有漏水现象；发电机组表面清洁。

2. 发动机

添加机油、燃油、冷却液达到标准液面；确保柴油机机油滤清器、空气滤清器、燃油滤清器清洁正常；启动电瓶桩头松紧度正常，电瓶电压值达到 24V。

3. 电器电路

确保所有电路无松动；检查仪表及电控部分是否完好有效，电脑控制器运行显示是否正常。

4. 行走机构

检查轮胎磨损情况，若磨损程度较大则更换轮胎；确保车架受力焊缝及固定螺栓无裂纹及松动；确保转向情况正常，行走机构没有异常声响。

7.5.2 运行管理

1. 运行情况

运行 30min 后，查看控制面板，是否出现异常提示，同时记录柴油机转速，冷却水温度，机油压力，发电机组发电频率，输出电压于此表格中。运行中的标准参数如下：

（1）柴油机转速：1500r/min。

（2）机油压力：1.9～5MPa。

（3）却冷水温度：60～90℃。

（4）发电机组发电频率：50Hz。

（5）输出电压：380V。

2. 停机状态

（1）确保发电机组车厢内电瓶与发电机组的连接开关处于断开状态。

（2）确保发电机舱门、散热门门锁关闭，与车身之间无缝隙。

7.5.3 维护保养

1. 保养周期表

保养周期见表 7.5。

2. 保养规程

柴油发电机组日常保养规程见表 7.6。

表7.5 保养周期表

保养周期	日常	半年或250h	一年或1500h	两年或6000h	季节性保养
保养级别	A级保养	B级保养	C级保养	D级保养	季节性级保养
保养内容	（1）检查： 1）检查操作者记录； 2）机油液面； 3）冷却液液面； 4）驱动皮带； 5）油水分离器； 6）渗漏情况； 7）皮带； 8）进气阻力指示器； 9）软管、管路、卡箍。 （2）排放： 油水分离器中的水。 （3）补充： 冷却液	（1）更换： 1）机油； 2）机油滤清器（全流式和旁通式）； 3）水滤器； 4）柴油滤清器； 5）更换燃油滤清器。 （2）检查： 1）空气滤清器； 2）进气系统； 3）曲轴箱呼吸器； 4）DCA4； 5）皮带张力； 6）风扇	（1）更换三滤。 （2）检查或清理： 1）空气滤清器； 2）进气系统； 3）防冻液； 4）调整气门间隙； 5）曲轴箱呼吸器； 6）增压器安装螺栓； 7）前后支架安装螺栓； 8）曲轴轴向间隙； 9）发动机保护系统	（1）检查： 1）增压器轴向、径向间隙； 2）硅油减震器是否失效； 3）空压机排气管积炭，卸载器是否失效； 4）风扇轮毂； 5）皮带张紧轮轴承； 6）皮带张紧状况。 （2）标定： 1）喷油器； 2）燃油泵。 （3）清洗发动机水系统。 （4）所有A＋B＋C级保养内容	（1）冷却液。 （2）机油。 （3）燃油。 （4）发动机的保温/加热

表7.6 柴油发电机组日常保养规程

保养项	保养内容及周期	耗材规格/型号
机油	新机组首运行50h后必须做首保，首保需更换机油和机油滤清器、柴油滤清器；以后每250h更换1次，做好记录。柴油发电机组保养时间要严格执行，以免影响机组使用效果。不同品牌机油严禁混合使用（如6个月内机组使用时间未达到250h，届时开机前仍需要更换）	机油型号：SAE黏度等级15W－40，API：CF－4或以上级别，如加德士银德乐柴油机机油或康明斯新一代专用机油（如机房室内温度低于－15℃使用机油型号：SAE黏度等级：10W－30 CF－4或CH级别机油）
机油滤清器	换机油就要换机油滤清器	250h更换机油滤清器
柴油滤清器、油水分离器滤芯	按时更换柴油滤清器、油水分离器滤芯，及时放出滤清器中的积水	250h更换柴油滤清器、油水分离器滤芯
空气滤清器、进气阻力指示器	每250h须进行清洁，视环境状况1000～1500h更换。进气阻力指示器呈绿色表示正常，呈红色需要及时清理	空气滤清器的功能是滤去空气中的灰尘，以减少缸套、活塞组零件的磨损，延长发动机的寿命，故此保养需严格执行
水滤清器	每250h更换水滤清器	采用上海弗列加公司品牌
水箱水（防锈水）	水箱需要加入专用防锈水；如现场无软水，务必加入桶装蒸馏水，不可使用地下水，防止水箱起水垢影响机组散热	防锈水规格：DCA4L/支或DCA65L/支，根据水箱大小不同添加相应数量防锈水

续表

保养项	保养内容及周期	耗材规格/型号
防冻液	冬季部分地区温度低于5℃必须要加防冻液，防止发动机内部未排尽的水冻裂发动机	型号：如加德士金富力长效防冻液－36℃（务必购买正规优质防冻液，以免致水箱穿孔）
水加热器	冬天温度较低时，水加热器、机油加热器电源开关要保持常开状态	如部分地区机房室内温度低于－15℃建议加装机油加热器
水箱	建议每月定期清洗水箱，以防止水箱散热片间有油泥杂物等堵塞，影响到机组正常散热，每年需要更换一次水箱水	可用空气枪或高压水枪进行清洗
皮带	每次开机前检查水箱风扇皮带和水泵皮带，如发现胶带过松应予调整，若橡胶层老化，损坏或纤维层折断，则应更换	更换相对应型号皮带，每250h或3个月必须检查一次
蓄电池	每运行250h检查一次，及时添加补充液，清洁启动蓄电池输出电线接头	市电浮充开关不要关闭以保证对蓄电池进行正常充电
油箱	定期放出燃油箱及燃油滤清器中的水或沉积物	每月定期对油管进行安全检查，确保不漏油、无安全隐患
柴油	一般使用0号国标柴油，北方地区应采用相配套型号国标柴油，如：－10号、－20号	如冬天部分低温地区需使用凝点温度更低的柴油
启动马达及充电机	经常清理其表面灰尘和各导线，保持其表面干燥，防止尘埃进入内部造成机件故障	连续启动发电机组时间不超过30s，两次启动间隔2min，以免损坏蓄电池和启动马达
其他	发电机房内必须保持通风，地面清洁、干燥、无粉尘。需及时清理所有设备表面灰尘和污垢，灭火器需放在容易看得见的地方，如长时间不停电建议每月定期开一开柴油发电机组，但空机时间不宜过长	发电机房内严禁一切烟火，并贴显眼标识牌，无关人员严禁入内，发电机组按要求必须接地。新机磨合期内不要加到满负载，磨合期后不要超负载运行

7.6　常见故障及排除

发电机组在长时间运行管理过程中，只要抢险队员严格遵守操作规程，定期做好各项维护保养工作，可以大大降低发电机组的故障率。

7.6.1　发电机组故障诊断及排除的基本原则

1. 先外后内

在发电机组出现故障时，首先对电子控制系统以外的可能故障部位予以检查，这样可以避免本来是一个与电子控制系统无关的故障，却对系统传感器、控制芯片及线路等进行复杂费力的检查，而真正的故障可能较容易查找却未能找到。

2. 先简后繁

先以简单方法对可能产生故障的部位予以检查，可以用看、摸、听等直观检查方法，将一些较为明显的故障迅速地找出来；然后借助仪器仪表或其他专用工具来检查。

3. 先熟后生

由于发电机组结构复杂，某一故障现象可能是以某些总成或部件的故障出现，应先对这些常见故障部位进行检查，然后对其他不常见的可能故障部位予以检查。

4. 代码优先

发电机组控制系统一般都有故障自诊断功能，当机组出现某种故障时，故障自诊断系统就会立刻监测到故障，并在显示屏显示代码或发出警告蜂鸣声向抢险队员提示或报警。需要注意的是故障自诊断系统可能会误判，或者发生故障不报的现象。

7.6.2 发电机组常见故障的排除方法

发电机组常见故障及排除方法见表7.7。

表7.7 发电机组常见故障及排除方法

故障现象	故障原因	故障排除
发电机组启动无响应	机组紧急停机按键问题	复位紧急停机按键或维修
	启动蓄电池电压过低	拆卸蓄电池充电或更换
	启动电机损坏	更换
	控制系统故障	更换钥匙或控制芯片
发电机组柴油机不能启动成功	启动蓄电池欠压	拆卸蓄电池充电或更换
	柴油机油路有空气	加满柴油箱，依次排除柴油输油管、柴油滤清器、输油泵、柴油泵等处空气
	柴油机输油泵损坏	更换输油泵
	柴油泵损坏（一般在燃油大量含水或机组工作年限较长情况下会发生）	拆卸校泵
发电机组柴油机运转速度不稳定	天气寒冷	运行观察5min
	柴油机油路有空气	排除油路中空气
	柴油机喷油嘴损坏	排查、更换喷油嘴
	负载过大	减少负载
发电机组启动后无电力输出	控制箱电源输出空气开关问题	打开电源输出空气开关或更换
	过载断电保护	减少负载或排除漏电
	机组发电机故障	维修或更换

7.6.3 康明斯柴油发动机故障排除一览表

康明斯柴油发动机故障排除见表7.8。

表 7.8　康明斯柴油发动机故障排除

故障现象		启动困难或不能启动	启动后容易熄火	怠速时冒黑烟多	负荷下冒黑烟多	功率小或无功率	不能达到限制的转速	进气不足空气输出少	燃油消耗过多	减速性能不好	怠速漂移	发动机突然熄火	在限制转速上时高时低	机油消耗过多	曲轴箱内生成油泥	机油稀释	机油压力低	AFC通气螺钉漏燃油	冷却液温度过低	冷却液温度过高	机油温度过高	活塞、气缸套和活塞环磨损	主轴承和连杆轴承磨损	气门和气门导管磨损	燃料敲击声	机械敲击声	齿轮噪声	发动机过度振动
进排气系统	进气道受阻	•			•	•		•	•																			
	排气道压高				•	•			•											•								
	在高温或高海拔下空气稀薄				•	•		•																				
	空气滤清到发动机之间漏气							•														•	•	•				
	涡轮增压器的压缩机脏				•	•		•	•																			
	不正确使用启动加热器	•																							•			
燃油系统	缺燃油或燃油截流阀关闭	•										•																
	燃油质量不好	•	•		•	•			•			•													•			
	进油管漏气	•	•			•				•	•	•	•												•			
	进油管受阻、回油阀黏住	•	•	•	•	•	•		•	•																		
	外部或内部燃油泄漏					•			•			•				•	•											
	喷油器喷油孔堵塞	•	•	•	•	•			•																			
	燃油泵驱动轴断	•										•																
	齿轮泵刮伤或齿轮磨损	•				•																						
	喷油器进油或回油接头松动	•														•												
	喷油器杯装错			•	•	•			•							•												
	喷油器本体或杯有裂纹	•	•	•	•	•			•							•												
	喷油器杯“O”形圈损坏								•							•												
	油门机构调整不当					•	•			•	•	•	•															

续表

故障现象		启动困难或不能启动	启动后容易熄火	怠速时冒黑烟多	负荷下冒黑烟多	功率小或无功率	不能达到限制的转速	进气不足空气输出少	燃油消耗过多	减速性能不好	怠速漂移	发动机突然熄火	在限制转速上时高时低	机油消耗过多	曲轴箱内生成油泥	机油稀释	机油压力低	AFC通气螺钉漏燃油	冷却液温度过低	冷却液温度过高	机油温度过高	活塞、气缸套和活塞环磨损	主轴承和连杆轴承磨损	气门和气门导管磨损	燃料敲击声	机械敲击声	齿轮噪声	发动机过度振动
燃油系统	怠速弹簧装配不当									•	•	•																
	调速器飞锤总成装配不当										•	•																
	高速调速器调整速度过低					•	•																					
	燃油中有水或蜡质	•	•				•					•																
	AFC 膜盒漏气				•	•																						
	AFC 调整不当			•		•																						
	AFC 柱塞密封磨损或损坏																	•										
	燃油泵失调					•																						
	喷油器油流不正常					•																						
润滑系统	外部或内部漏机油													•		•												
	机油滤清器脏														•		•						•	•				
	汽缸上油			•	•									•		•						•						
	油道堵塞																					•	•	•				
	机油吸油管受阻																•					•	•	•				
	机油压力调节器失效																•											
	曲轴箱缺油或油面过低																•			•	•	•	•	•				
	机油等级和气候不符													•			•											
	机油液面太高					•			•					•							•							

续表

故障现象		启动困难或不能启动	启动后容易熄火	怠速时冒黑烟多	负荷下冒黑烟多	功率小或无功率	不能达到限制的转速	进气不足空气输出少	燃油消耗过多	减速性能不好	怠速漂移	发动机突然熄火	在限制转速上时高时低	机油消耗过多	曲轴箱内生成油泥	机油稀释	机油压力低	AFC通气螺钉漏燃油	冷却液温度过低	冷却液温度过高	机油温度过高	活塞、气缸套和活塞环磨损	主轴承和连杆轴承磨损	气门和气门导管磨损	燃料敲击声	机械敲击声	齿轮噪声	发动机过度振动
冷却系统	冷却液不足					•											•			•	•							
	水泵磨损					•											•			•	•							
	节温器失效					•									•		•		•	•	•							
	水管破裂																•			•	•							
	风扇皮带松																•			•	•							
	散热器右窗不能关闭														•				•									
	水道堵塞																•			•	•							
	内部漏水															•												
	机油冷却器堵塞																•				•							
	冷却系统中有空气																•			•	•							
	外部漏水																•			•	•							
	冷却液容量不足					•											•			•	•							
	冷却液温度低														•	•									•			
使用保养	滤清器和滤网脏					•									•							•	•	•				
	长时怠速运转	•	•	•	•	•									•	•												
	发动机过载				•												•			•	•	•	•	•	•	•		
	机油需要更换														•							•	•	•				
	发动机外部灰尘结块																•			•	•							

续表

	故障现象	启动困难或不能启动	启动后容易熄火	怠速时冒黑烟多	负荷下冒黑烟多	功率小或无功率	不能达到限制的转速	进气不足空气输出少	燃油消耗过多	减速性能不好	怠速漂移	发动机突然熄火	在限制转速上时高时低	机油消耗过多	曲轴箱内生成油泥	机油稀释	机油压力低	AFC通气螺钉漏燃油	冷却液温度过低	冷却液温度过高	机油温度过高	活塞、气缸套和活塞环磨损	主轴承和连杆轴承磨损	气门和气门导管磨损	燃料敲击声	机械敲击声	齿轮噪声	发动机过度振动
机械调整和修理	汽缸盖衬垫漏气或冲坏			•	•	•										•												
	扭转减震器失效																									•		•
	飞轮不平衡或松动																									•		•
	气门漏	•	•			•																		•				
	活塞环磨损或断裂	•	•	•	•	•								•								•				•		
	轴承间隙不当					•			•								•						•			•	•	
	曲轴端隙不当																						•			•	•	
	主轴承孔未对准																						•			•		•
	发动机需要大修	•		•	•	•			•					•			•					•	•	•		•	•	•
	主轴承或连杆轴承损坏																•							•		•		
	齿轮传动中有断齿																									•	•	
	齿隙太大																									•	•	
	发动机和被驱动件未对准								•														•			•	•	
	安装螺栓松动																									•		•
	喷油器和气门不正时	•		•	•	•																		•	•			
	汽缸套或活塞磨损或刮伤			•	•	•								•								•				•		
	喷油器需要调整		•	•	•	•			•																•			

第 8 章

移 动 照 明 灯 塔

8.1 设 备 概 述

移动照明灯塔又称全方位移动照明灯塔，是江苏省防汛抢险队伍装备较多的大型照明设备，其工作原理是通过柴油发电机组提供电力，采用不同功率的灯泡和可调节灯塔提供多方位的照明需求，具有性能稳定、照明亮度强、覆盖范围广、运输方便等优点，是防汛抗旱应急抢险的重要保障装备之一。

8.2 基 本 结 构

全方位移动照明灯塔主要是由发电机组、照明灯组、控制系统和底盘系统 4 部分组成。发电机组为照明灯塔提供电力，满足照明灯组和外接负载用电需求。控制系统通过操作面板控制发电机组运行与照明灯组灯泡的开关。照明灯组由 3 节伸缩灯杆和 4 盏 1000W 功率高效节能亚明金卤灯组成，它照明亮度高，照射面积大，覆盖半径可达 80m。底盘系统采用两轮箱式拖挂结构。该照明灯塔配备了 110V 和 220V 电力输出接口，必要时可以作为移动电站满足其他设备用电需求。

8.2.1 整体构造

移动照明灯塔整体构造如图 8.1 和图 8.2 所示。

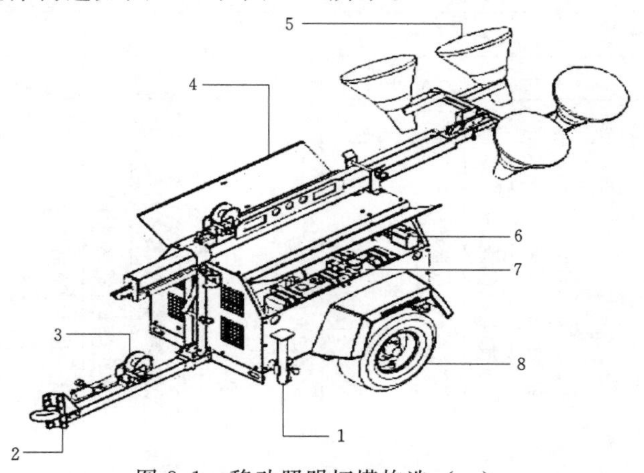

图 8.1 移动照明灯塔构造（一）

1—撑脚，稳定器；2—拖环支架、拖环；3—绞盘（手动）、绞盘（电动）；4—门；
5—照明灯具总成；6—罐，冷却剂；7—燃油箱；8—轮胎和行走系统

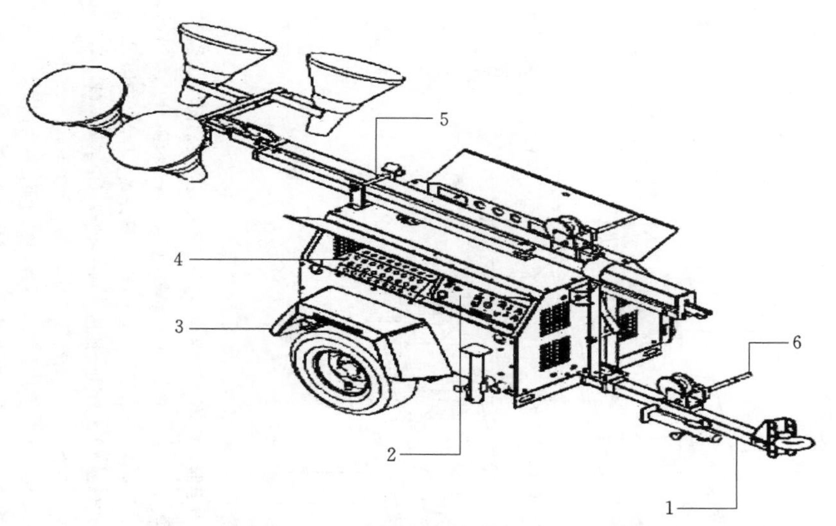

图 8.2 移动照明灯塔构造（二）

1—拖杆；2—贴花，面板；3—轮罩；4—隔热板；5—销；6—手柄，手动绞盘

8.2.2 发电机构造

发电机构造如图 8.3 所示。

8.2.3 柴油机构造

柴油机构造如图 8.4 所示。

8.2.4 仪表/控制面板构造

仪表/控制面板构造如图 8.5 所示。

8.2.5 灯及组件构造

灯及组件构造如图 8.6 所示。

8.2.6 底架及面板构造

底架及面板构造如图 8.7 所示。

8.2.7 电路图

1. 发动机电路图

发动机电路图如图 8.8 所示。

2. 发电机电路图

发电机电路图如图 8.9 所示。

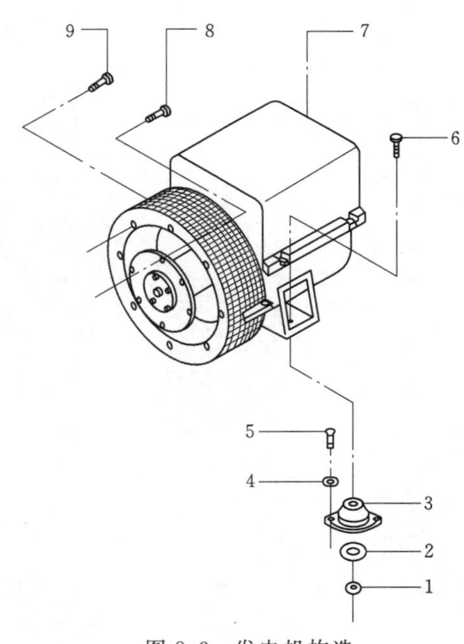

图 8.3 发电机构造

1—螺母（2个）；2—垫圈（2个）；3—减震垫（2个）；4—垫圈（2个）；5—螺栓（4个）；6—螺栓；7—发电机（LS），7kW，发电机（LH），7kW；8—螺栓（6个）；9—螺栓（8个）

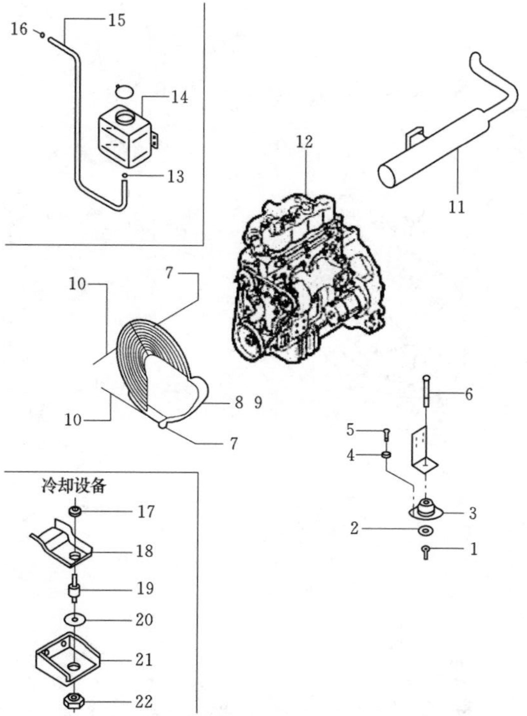

图 8.4　柴油机构造

1—螺母；2，4—垫圈；3—减震垫；5，6，7—螺栓；8—罩板，风扇；9—支架，安装；10—螺母；11—消声器；12—柴油机，久保田（1005 系列）；13—夹箍；14—罐，冷却剂；15—管（27in）；16—源于冷却器；17—螺母，尼龙；18—存在于冷却器支架上；19—底座，橡胶；20—垫圈，轮罩；21—存在于柴油机减震垫上；22—螺母，肩部

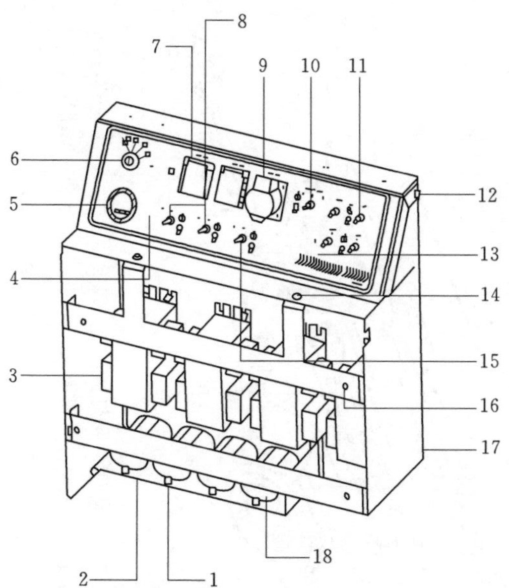

图 8.5　仪表/控制面板构造

1—螺栓（13 个）；2—支架，电容器；3—镇流器和电容器；4—贴花，控制面板（中国式），贴花，控制面板（英国式）；5—计时器；6—开关，点火；7—插座，10A/250V（中国式）（2 个），插座，13A/250V（英国式）（2 个）；8—断路器，10A（中国式）（2 个），断路器，13A（英国式）（2 个）；9—插座，16A/250V（中国式）（1 个），插座，13A/250V（英国式）（1 个）；10—断路器，25A；11—开关（4 个）；12—螺栓（4 个）；13—盖板，控制面板（中国式），盖板，控制面板（英国式）；14—螺栓（4 个）；15—断路器，16A（中国式）（1 个），断路器，13A（英国式）（1 个）；16—螺栓（4 个）；17—整理器盒；18—电容器（4 个），柴油机导线束，控制面板导线束（中国式），控制面板导线束（英国式）

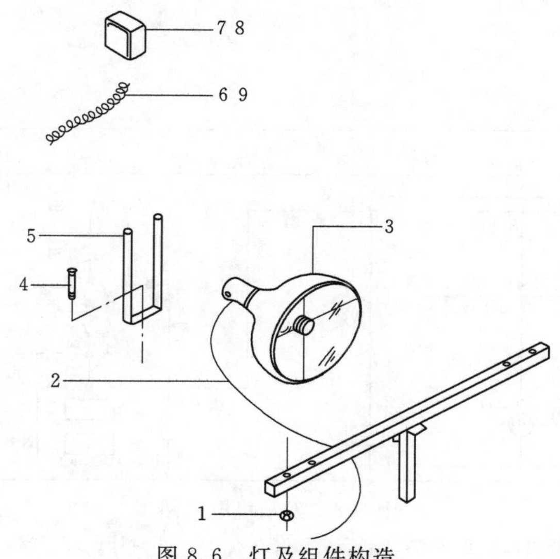

图 8.6 灯及组件构造

1—螺母（4个）；2—连接插座的导线；3—照明设备总成；4—螺栓（4个）；5—耳轴（到整流器）；6—导线；7—盒，连接；8—盖板；9—导线，3线（连接盒）

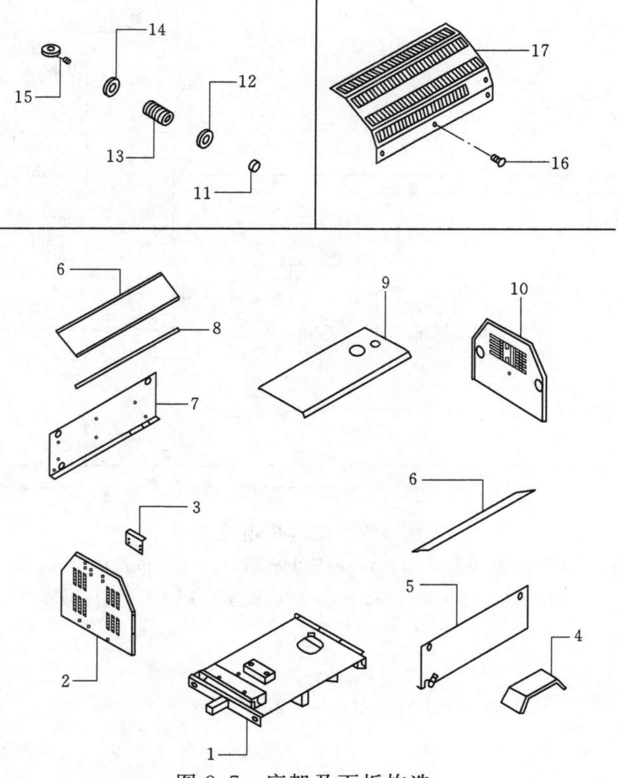

图 8.7 底架及面板构造

1—底架（配LS发电机），底架（配LH发电机）；2—面板，前部；3—支架，前面板；4—轮罩；5—面板，左侧；6—门；7—面板，右侧；8—铰链；9—顶板；10—面板，后部；11—螺母；12—垫片，尼龙；13—弹簧；14—垫片；15—羊眼；16—螺栓；17—隔热板

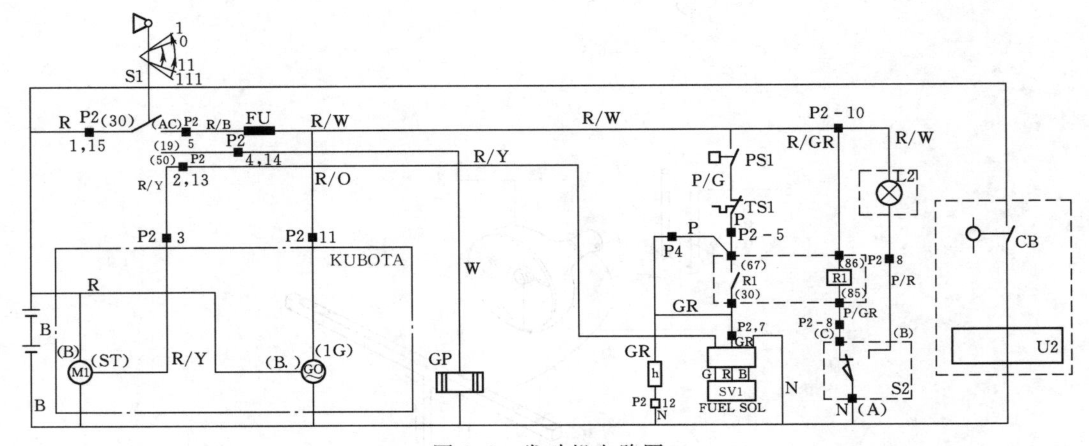

图 8.8　发动机电路图

B—电瓶；CB—卷扬机回路断路器；GO—交流发电机；h—小时计；L2—燃油低限灯（可选件）；M1—启动马达；PS1—机油压力传感器；R1—断油续电器；S1—主开关；S2—燃油低限传感器（可选件）；SV1—燃油电磁阀；TS1—水温传感器；U2—电动卷扬机

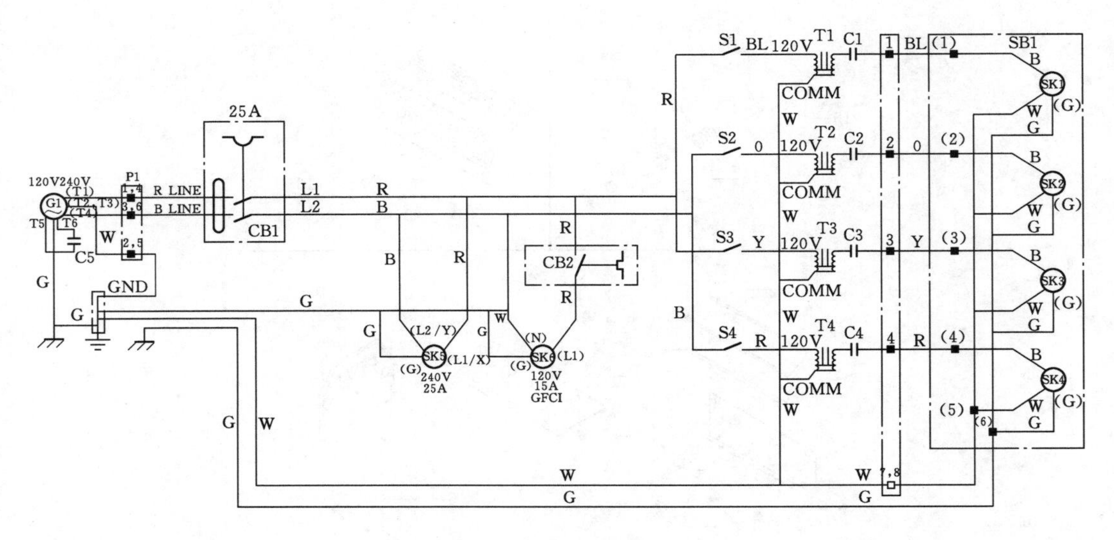

图 8.9　发电机电路图

CB1—断路器；CB2—断路器；C1-4—稳压电容器；C5—发电机电容器；G1—发电机；S1-4—灯开关；SK1-6—输出插座；T1-4—电压器

8.2.8　设备基本参数

1. 技术参数

全方位移动照明灯塔的相关技术参数见表 8.1。

2. 发动机参数

发动机参数见表 8.2。

表 8.1 相关技术参数

参数名称	参数值	参数名称	参数值
输出功率	7.2kW	灯泡型号	4盏1000W高效节能亚明金卤灯头
输出电压	110V/220V	灯泡寿命	1万h
输电频率	50Hz	灯盘升高	9m
燃油容积	113L	照明覆盖范围	覆盖半径达到80m
燃油消耗	注满柴油可连续工作时间60h		

表 8.2 发动机参数

型号	Light Source	L6	L8
发动机型号	久保田/D905BG	久保田/D905BG	久保田/D1105BG
冷却方式	水	水	水
功率（额定转速下）/hp	10.5	10.5	13.6
转速/(r/min)	1800	1800	1800
燃油	柴油	柴油	柴油
燃油容量/L	113	113	113
使用时间（4灯）/h	68	68	68
发电机			
制造厂	Leroy Somer	Leroy Somer	Leroy Somer
功率	6kW	6kW	8kW
频率	60Hz	60Hz	60Hz
适用灯数	最大4个	最大4个	最大6个 （一般4个）
可提供插座	标准配置： （1）120V，20amp； （2）240V，25amp	标准配置： （1）120V，20amp； （2）240V，25amp	标准配置： （1）120V，20amp； （2）240V，30amp
总长/cm	437	462	462
总宽/cm	145	201	201
总高/cm	180	226	226
标准灯柱高/m	10	10	10
运输重量（运输重量包括除燃油以外的所有油和水）/kg	799	912	912
轴最大承重/kg	1588	1588	1588
轮胎尺寸	80R13	80R13	80R13

3. 照明标准参数

（1）照明能力（一个灯覆盖的大概面积）（表8.3）。

表8.3　照明能力

型号	平均尺烛光	平方英尺	英亩	平方米	公顷
HPS	0.5	105000	2.41	9755	0.98
MH	0.5	82000	1.88	7618	0.76
TH	0.5	26500	0.61	2462	0.25

（2）可配置的照明灯性能参数（表8.4）。

表8.4　可配置的照明灯性能参数

灯型	每个灯瓦数/W	初始流明/lm	平均流明/lm	平均寿命/h	颜色	优点	缺点
高压钠灯（HPS）	1000	140000	126000 92%	24000	淡橘黄	流明输出高 流明损失小 系统成本低 再照明速度快	初始成本高 稍有颜色
金属卤化灯（MH）	1000	110000	88000 80%	12000	亮白色	流明输出高 颜色好 总照明效果好	再照明速度慢，灯寿命一般
钨卤化灯（TH）	1000 1500	21500 35800	20850 97% 34730 97%	2000 2000	自然白光	最低初始成本 即开即亮 无镇流器 自然光亮 光线集中度好	表面温度高 灯寿命短 流明输出低

8.3　设备使用

8.3.1　启封

全方位移动照明灯塔经过长时间封存，进入汛前准备阶段或需要应急使用时，需要做好机组的启封工作。启封工作包括以下几方面内容：

（1）揭开防尘罩，解封排气管，清洁机组。

（2）检查轮胎胎压，确保胎压为2.5kg/cm^2。

（3）安装启动蓄电池。蓄电池是1个电压为12V、容量为80AH的蓄电池，安装启动蓄电池时必须先连接正极桩头，后连接负极桩头，防止在接线过程中发生电击事故。

8.3.2　设备运输

在执行应急抢险照明任务中，全方位移动照明灯塔完成启封工作后，可通过两种方式进行运输，长途运输可采用货车整机吊装运输的方式，这种运输方式需要做好照明灯塔的整机固定和轮胎固定工作，防止松脱；短途运输可采用外挂牵引方式，这种运输方式需要连接好照明灯塔的牵引机构和警示灯，并且必须低速行驶以防失控。

8.3.3　使用前准备

(1) 选择安全场地，固定机组。根据施工照明的需要，选择一块平整的场地，确保在灯盘升高10m范围内无障碍物，使用木块等物体将机组轮胎固定好。

(2) 安装照明灯塔接地线。从机组接地桩头处连接一根地线，将接地杆植入地下20cm。

(3) 架设照明灯塔。首先拔出灯塔前后支承腿锁定销，旋转着地后再次锁定。接着拔出灯塔两侧的两个支腿并伸出至最远端，旋转着地后再次锁定。最后根据灯塔支架水平仪，调整4个支撑腿的高度，使照明灯塔水平离地。

(4) 调整照明方向。根据施工现场照明需要调整好灯盘及每盏灯的照射角度。

(5) 架设照明灯组。首先拔出灯杆卧位安全销，转动灯杆手动绞盘，将灯杆竖立垂直，安装竖位安全销。接着继续转动手动绞盘，将三节灯杆升起至合适照明高度。最后松开灯杆水平旋转螺栓，调整照明方向。在升高灯杆时注意观察末杆最高限位线，严禁超高拉升。

8.4　操　作　步　骤

8.4.1　启动

(1) 检查柴油机机油。检查机油时，先抽出柴油机机油检测尺，用纱布擦净后重新将检测尺完全插入机油检测口，再次拔出确认机油油位是否在检测尺低和高之间。

(2) 检查冷却液水位。检查冷却液时，需拧开柴油机散热器上盖或附水箱，查看并加满冷却液，切忌不能在柴油机运行或刚停机后打开散热器上盖，这样容易造成烫伤事故。

(3) 检查燃油系统。查看照明灯塔燃油箱油位并加满柴油。打开柴油滤清器输油开关，反复按压柴油机手油泵，将柴油机输油管路中泵满柴油。

(4) 启动发电机组。打开照明灯塔侧门，先确认总电源输出开关关闭，再手动将启动钥匙旋转至预热位置保持5s，然后旋转至启动位置，保持到柴油机启动成功，最后松开启动钥匙至运行位置。如果10s后柴油机仍未启动成功，需等待30s后方可再次启动。

(5) 启动照明灯组。发电机组启动成功并运行5min后，根据照明需要，先打开总电源输出开关，再依次打开各盏照明灯开关。如果照明位置不佳，可再次调整灯杆水平方向和灯盘高度。必须注意照明灯泡断电后需等待10min才能再次打开，因为灯泡未充分冷却时再次通电，既不能点亮也容易烧坏。

8.4.2　运行

全方位移动照明灯塔启动运行后，需要定期检查机体固定、发电机组、灯组运行情况，及时发现，果断处理。照明灯塔运行管理中的主要内容有：

(1) 设置警示隔离区，禁止非工作人员接触照明灯塔，确保安全运行，做好照明灯塔运行管理记录。

（2）定期检查照明灯塔支撑固定情况。

（3）定期检查燃油。不足时要及时添加，防止因断油使发电机组停机，中断照明影响施工安全。

（4）定期检查柴油机机油、冷却液。

8.4.3　停机

在完成应急抢险照明任务后进行停机操作。停机操作需要首先打开照明灯塔侧门，依次关闭所有灯泡电源开关和电源总开关，断开所有外接用电负载。然后将启动钥匙旋转至关闭位置，关闭发电机组。如果照明灯塔进行撤场或转场，则需要对照明灯塔进行回收，首先转动升降手动绞盘使灯杆降至最低位，再转动竖卧手动绞盘将灯杆水平放置，注意对准卧位定位孔并插好卧位安全销。然后将左、右、后三面支撑腿回收，旋转倒立并锁定，等待运输。

在照明灯塔出现故障或发生可能危害到照明灯塔和操作人员安全的突发情况时，需要抢险队员果断判断，迅速将启动钥匙旋转至停机位置或切断柴油机供油实现照明灯塔的快速停机。

8.4.4　封存

在应急抢险任务完成或汛期结束后，全方位移动照明灯塔需要做好相关入库封存工作。在入库封存时应做好以下几个方面：

（1）清洗照明灯塔。

（2）根据照明灯塔运行记录，做好维修保养工作。如柴油机机油和机油滤清器的更换，燃油滤清器的清洗与更换、柴油机冷却液的更换、轮胎的保养与维修、灯盘的维修与保养等。

（3）拆卸启动蓄电池，将蓄电池集中存放并定期进行充放电维护。

（4）将柴油机排气管封罩，对照明灯塔进行防尘遮盖，入库整齐排列。

8.5　设 备 管 理

8.5.1　设备日常检查

设备日常检查内容见表8.5。

表8.5　　设备日常检查

检查部位	检查内容	检查部位	检查内容
外观检查	灯塔外观是否存在损坏	行走机构	检查轮胎胎压是否在正常范围内
	外壳和内部构件表面是否清洁		检查轮胎的磨损及损伤情况
动力装置	机油、燃油、冷却液是否达到标准液面		倾听行走机构是否有异常声响
	启动电瓶桩头松紧度是否正常	辅助设施	检查线路有无松动情况
工作装置	检查升降杆是否正常		检查仪表及电控部分是否完好有效

8.5.2 设备保养

1. 总体保养

全方位移动照明灯塔的维护保养内容主要包括以下几方面。

(1) 柴油机机油和机油滤清器的更换。照明灯塔在运行250h或两年后，应更换柴油机机油和机油滤清器。首先需要将储油桶放置于柴油机机体下方，用链条扳手将机油滤清器拆卸，打开油底壳放油螺栓放空机体内机油；然后拧紧放油螺栓，安装机油滤清器，加注机油至标准机油位；最后启动照明灯塔检查柴油机油底壳放油螺栓和机油滤清处有无渗漏。

(2) 柴油机燃油滤清器的清洗与更换。照明灯塔在运行250h或发电机组出现转速不稳定时，应清洗燃油滤清器。清洗燃油滤清器时只需将发电机组输油管路上的燃油滤清器拆卸，用干净的柴油进行清洗即可。如果燃油滤芯出现腐蚀则必须更换。

(3) 柴油机空气滤芯清洁或更换。照明灯塔在入库封存时或运行500h后，应当清洁或更换空气滤芯。清洁空气滤芯时需打开空气滤清器，取出滤芯，用手拍打或高压气泵进行清洁，如果滤芯内出现腐蚀应及时更换。

(4) 照明灯塔轮胎的维护保养。定期检查轮胎胎压，发现问题及时修补或更换。

2. 具体部位保养

(1) 电线和软管的保养。每周检查电线布线卡子有无松动，安装是否正确。检查电线有无磨损、老化和因振动产生摩擦。

每周检查所有接线端周围有无因发生电弧而烧蚀的痕迹。

每周检查接地线。接地线应不小于6号线。检查从接地端至车架、发电机机体和发动机机体之间的接地线，确认没有断路。

每月对空气滤清器进气管、冷却系统胶管和柴油软管应进行下列检查：所有胶管接头和胶管卡子必须紧固，软管不能有磨损和老化现象；所有软管不能有磨损、变质和振动摩擦。软管固定卡子必须安装牢固，位置正确。

每周检查电线绝缘套有无脱落或擦破。

(2) 燃油和水分离器的保养。每周检查燃油过滤器/水分离器内的积水。分离器底部有半透明积水杯或放水阀。

每6个月或500h更换分离器滤芯。柴油质量低或受到污染，应提前更换滤芯。

(3) 散热器叶片的保养。每周检查和清除堵塞杂物。

(4) 空气滤清器的保养。定期捏动初级空气滤清器排尘橡胶阀，防止其堵塞。保养空气滤清器步骤：

1) 卸下滤芯。

2) 检查空气滤清器壳体有无导致漏气的缺陷，必要时进行修复。

3) 用清洁湿布擦干净滤清器壳体内部。

4) 保养滤芯。

5) 安装滤芯。

6) 每3个月或500h检查空气滤清器总成（壳体）有无致漏气。检查空气滤清器安装螺栓和卡子紧固状况。

（5）检查轮胎。每周检查轮胎状况和气压。轮胎割破或胎面花纹磨低时应修理或更换轮胎。

（6）检查发动机水箱。

1）检查冷却液液面位置，液面应达到加水口颈部底面。

2）发动机冷却系统通常加水和乙二醇防冻剂混合液（各50%）。这种长效防冻液含有防锈剂，适应−37℃环境温度。

3）夏季和冬季都推荐使用这种防冻液。

4）每6个月或进入冬季之前应检测防冻液浓度。

5）每月检查水箱外部，如果太脏，用含有不可燃溶剂的水或压缩空气冲洗水箱外部。如果水箱内部堵塞，用溶剂逆向冲洗。

（7）检查塔杆钢丝绳。每周检查塔杆升降钢丝绳，确认端部链接牢固，检查有无磨损、断丝等现象，必要时更换钢丝绳。检查滑轮有无过度磨损或损坏，必要时更换滑轮。

（8）检查塔杆锁销。每周检查全部塔杆锁销，更换损坏的销子。

（9）检查塔杆。每月检查塔杆所有活动零件和导向零件，清洁和润滑滑动表面。更换损坏的零件。

（10）试验故障指示灯。每月对故障指示灯进行试验。发动机熄火，紧急熄火按钮按下，将启动开关拧到启动位置，所有故障指示灯应亮。

（11）发动机自动熄火系统。自动保护熄火系统应每月或工作不正常时检查。系统内有冷却液温度传感器、机油压力传感器和燃油油面传感器。机油压力传感器防止发动机在机油压力过低时运转。发动机水温传感器在140℃时动作。

（12）检查控制箱。每6个月或500h检查控制箱电线接头有无松动、污物，电器有无被电弧烧灼和损坏。

（13）检查行走装置。每6个月检查轮胎轴承、油封和轴颈有无损坏或磨损。更换损坏或磨损的零件。用2号锂基润滑脂润滑轴承。

保养轮胎轴承时，应保证轴承端面间隙0.025～0.3mm。

方法如下：慢慢转动轮毂，使轴承就位。将轴端螺母拧紧到68Nm；保持轮毂不动，稍微松开轴端螺母；用手拧紧螺母，使螺母与轴上的开口销孔对准，装入开口销；将开口销弯曲，锁定螺母。

（14）检查仪表。启动发动机之前和运转中检查仪表灯、仪表和开关的功能是否正常。

（15）清洁发电机内部。定期按下列步骤清洁发电机内部：启动发动机，使其无负荷运转；用压力为25psi的干燥压缩空气吹扫发电机内部的污物。

（16）清洗控制箱内部。发电机控制箱采用部分防尘密封。如果需要保养，按下列步骤进行：卸下电瓶电缆；打开控制箱顶盖和前盖；在所有开关接触器上喷挥发性和无沉淀物的电器清洗剂，将开关转到每一个位置并喷清洗剂。保持控制器盖敞开，直到接触器干燥为止。

3. 保养表

保养部位及周期见表8.6。

表 8.6　　保养部位及周期

序号	保养部位	保养周期								
		第1个50h	每50h	每100h	每200h	每400h	每500h	每800h	每年	每两年
1	检查燃油管和布管卡子		○							
2	清洁空气滤芯			○						
3	检查电瓶电解液液面			○						
4	检查风扇皮带紧度			○						
5	检查机油油面	○			○					
6	检查散热器胶管和卡子				○					
7	更换机油过滤器	○				○				
8	更换燃油过滤器					○				
9	排放燃油箱沉淀物						○			
10	清洗冷却系统						○			
11	更换风扇皮带						○			
12	检查气门间隙							○		
13	更换空气滤清器滤芯								○**	
14	检查电子系统导线								○	
15	更换燃油管和卡子									○
16	更换散热器胶管和卡子									○
17	更换电瓶									○
18	更换冷却液									○

**空气滤芯每年更换或保养6次后更换。

8.5.3　发动机保养

1. 燃油

应使用0号轻柴油，其十六烷值不低于45。

2. 燃油系统排空气

遇到下列情况时应从燃油系统排空气：燃油过滤器上的柴油管卸下保养后又装上；燃油箱内的油用完；发动机长期封存后起用。

3. 排空气步骤

(1) 加满柴油箱，打开燃油过滤器阀门。

(2) 将燃油过滤器排气塞拧松几分钟。

(3) 待气泡排完后拧紧排气塞。

(4) 拧开喷油泵排气塞。

(5) 待气泡排完后拧紧排气塞。

4. 检查燃油管

每运转50h检查燃油管：

(1) 如果油管固定卡松动，则在卡子螺钉上涂机油，紧固卡子。

（2）不论发动机使用时间长短，每两年应更换柴油胶管及其固定卡子。

（3）随时更换损坏的燃油管和固定卡子。

（4）更换燃油管后，从燃油系统排空气。

5. 更换燃油过滤器

（1）每运转400h应更换燃油过滤器。

（2）在过滤器垫片上涂少量柴油，用手拧紧过滤器。

（3）排出系统内空气。

6. 检查机油

（1）启动发动机之前检查机油油面。

（2）检查步骤：拔出油尺，擦干净后再插入油底壳内，然后再拔出，检查油面位置。

（3）机油油面低时应及时补充到规定油面。

（4）如果发动机在接近最低油面运转，机油会迅速变质。因此应保持机油接近最高油面。

（5）机油容量（标准油底壳）见表8.7。

表8.7　　发动机机油容量

发动机型号	机油容量
D905-EBG，D1005-EBG，D1105-EBG	5.1L
V1205-EBG，V1305-EBG，V1505-EBG	6L
V1505-T-EBG	6.7L

（6）机油质量应符合APICE级，推荐使用SAE10W-40复合黏度机油。

（7）如果更换不同牌号或等级的机油，应将原有机油放干净。

7. 更换机油

（1）新机运转50h后换机油，以后每200h更换机油。

（2）在热机状态下放出旧机油。

（3）加入新机油至油尺高线。

8. 更换机油过滤器

（1）每运转400h更换机油过滤器。

（2）用过滤器扳手卸下旧过滤器。

（3）在新过滤器垫片上涂薄层机油。

（4）用手安装和拧紧过滤器，不要用扳手拧。

（5）启动发动机，检查有无漏油，检查油量，必要时补充机油。

9. 散热器

检查冷却液液面，补充和冷却液：

（1）每次工作之前必须检查冷却液液面。冷却液必须达到加水口颈部下沿。

（2）如果散热器有储液罐，检查储液罐内液面，如果在“FULL”和“LOW”之间，则冷却液可供一天工作。

（3）如果冷却液不足，向散热器或储液罐内加入清洁水。

10. 更换冷却液

(1) 打开散热器下面和发动机侧面的放水开关，揭开散热器加水口盖子，放出旧冷却液（取下散热器压力盖上的溢流管，放出储液罐内的冷却液）。

(2) 冷却液容量（标准型散热器）见表8.8。

表8.8 冷却液容量

发动机型号	冷却液容量
D905-EBG，D1005-EBG，D1105-EBG	3.1L
V1205-EBG，V1305-EBG，V1505-EBG	4.0L
V1505-T-EBG	5.0L

(3) 加水口盖子如果不够严密，冷却液会消耗得很快。

11. 冷却液溢流过多的排除

(1) 清洗散热器外部。

(2) 调整风扇皮带紧度。

(3) 用散热器清洗剂清洗散热器内部。

12. 检查散热器水管

(1) 每200h或6个月检查水管安装是否正确：检查胶管卡子是否松动或漏水，紧固卡子；如果胶管有鼓包、硬化或开裂，应更换胶管并上紧。

(2) 每2年更换胶管和软管卡子。

13. 预防发动机过热

如果冷却液温度接近甚至超过沸点，即称为过热，应采取以下措施：

(1) 不要立即熄火，使发动机怠速运转5min后再熄火。

(2) 不要立即接近发动机，等10min或等待蒸汽排完。

(3) 检查和排除过热原因。

14. 清洗散热器内部

每500h清洗散热器内部。在开始添加防冻剂和停止使用防冻剂时也要清洗散热器内部。

15. 防冻液

根据气温用乙二醇防冻剂和水按一定比例混合成防冻液，防冻剂的比例不能超过50%。

防冻剂比例与冰点温度见表8.9。

表8.9 防冻剂比例与冰点温度

防冻剂容积比例	冰点/℃	沸点/℃
40%	−24	106
50%	−37	108

16. 空气滤清器的保养

(1) 每周打开排尘阀排出大颗粒灰尘，在多灰尘环境工作应每天从排尘阀排出灰尘。擦干净滤清器内部的灰尘和水。

（2）用压力为7kg/cm² 压缩空气从滤芯里面吹扫滤芯。

（3）如果滤芯沾有积碳或油污，在清洗清洁剂中浸泡滤芯30min后用清水清洗干净，使其在自然空气中充分干燥。干燥后将灯泡放入滤芯内部，检查有无损坏。

（4）每年或保养6次后更换滤芯。

17. 电瓶的保养

（1）电解液中的水会逐渐蒸发，应随时补充蒸馏水。电解液高出极板即可，电解液过多会溢出腐蚀零件。

（2）电瓶应定期充放电。

18. 检查风扇皮带紧度

风扇皮带紧度如果不正确，发动机会过热，发电机不能正常充电。用手指以10kg的力按压皮带中间，皮带应有大约7～9mm的挠度。检查皮带有无开裂或撕裂。

19. 调整皮带紧度

松开固定发电机的两个螺栓，调整皮带紧度。然后再将发电机固定。

20. 发动机的封存

（1）放出旧机油，加入新机油，运转发动机5min，使机油到达各润滑部位。

（2）将出冷却系统的冷却液全部放出，放水开关保持打开。

（3）卸下电瓶，调整电解液浓度，对电瓶充电，然后将电瓶储存在干燥、不透光处。

（4）长期封存的发动机每一个月应进行无负荷运转5min，以免零件锈蚀。如果封存5个月未运转，启动前应向气门导杆倒入机油，确认气门活动自如方可启动。

21. 发动机保养周期表

发动机保养周期见表8.10。

表8.10　　发动机保养周期

检查和保养部位	每日	每周	每月	3个月或250h	半年或500h	1年或1000h
接线端电弧烧灼痕迹	C					
导线布线固定卡子紧度	C					
发动机机油和冷却液	C					
接地线	C					
仪表	C					
风扇皮带、软管、导线绝缘套	C					
通风道堵塞	C					
燃油/水分离器	排水					
空气滤清器排尘		C				
轮胎		C				
电瓶		C				
发动机水箱叶片			C			

续表

检查和保养部位	每日	每周	每月	3个月或250h	半年或500h	1年或1000h
空气滤清器进气管			C			
紧固件			C			
紧急熄火按钮功能			C			
自动熄火系统功能			C			
故障指示灯			C			
电压选择器/互锁开关				C		
空气滤清器壳体				C		
控制箱内部					C	
燃油箱（每日下班时加满）					排沉淀	
油水分离器滤芯					R	
轮胎轴承和油封					加油脂	
自动熄火传感器（调整）						C

注 C—检查和调整，必要时更换。
R—更换。

8.6 常见故障及排除

常见故障原因及排除方法见表8.11。

表8.11 **常见故障原因及排除方法**

故障现象	故 障 原 因	故 障 排 除
启动无响应	启动蓄电池电压过低	拆卸蓄电池充电或更换
	启动电机损坏	更换
启动不成功	启动蓄电池欠压	拆卸蓄电池充电或更换
	供油不畅	按压手油泵，排除柴油滤清器和输油管路中的空气
运转不稳定	天气寒冷	运行观察5min
	柴油机油路有空气	排除油路中空气
	负载过大	减少负载
灯泡不亮	过载保护	更换保险丝
	灯泡保护	等待冷却后通电
	灯泡损坏	更换
轮胎欠压	轮胎破损	修补或更换

第9章

照明作业灯

9.1 设备概述

全方位自动泛光工作灯是适用于各种高空作业和旷野、海面等工作场所对全方位、多角度、远距离巡查、搜索、拯救和作业、施工等照明、维护抢修、事故处理、抢险救灾等工作的移动照明和应急照明设备（图 9.1）。

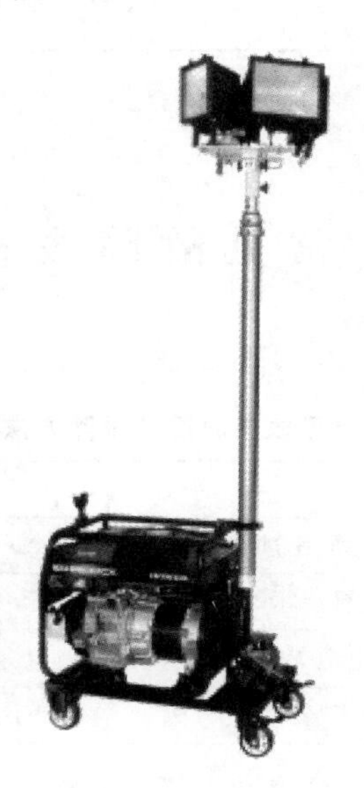

图 9.1　照明作业灯

9.2 主要构造及参数

9.2.1 主要构造

全方位自动泛光工作灯由灯盘、气缸、遥控器和发电机组构成，采用新光源卤钨灯泡，光线柔和，聚光好。整体采用优质进口金属材料制作，结构紧凑、性能稳定，可确保其在各种恶劣环境和气候条件下正常工作，其主要构造如图 9.2 所示。

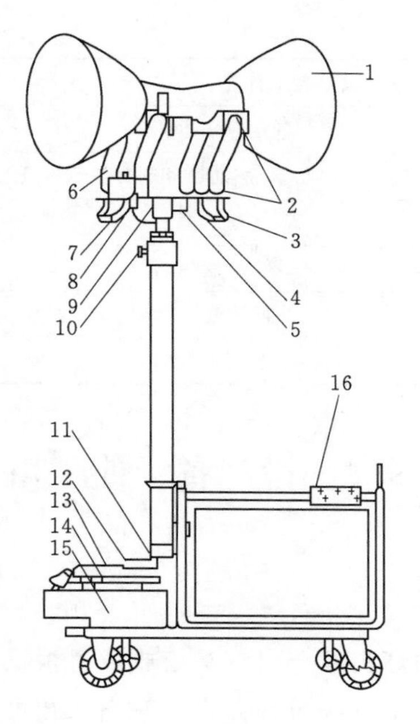

图 9.2　主要构造

1—灯头；2—M12 碟形螺母；3—灯盘提手；4—灯盘托板；5—灯盘锁销；6—灯头支架；7—航空插座；8—航空插头；9—灯盘锁紧螺钉；10—气缸锁销；11—排气阀；12—气嘴；13—气管；14—电动气泵；15—电气箱；16—发电机输出插排

9.2.2　设备基本参数

设备基本参数见表 9.1。

表 9.1　　**设备基本参数**

序号	参数名称			数值
1	额定电压/V			220
2	灯盘	工作电压/V		220
		灯头功率/W		400
		灯头光通量/lm	高压钠灯	48000
			金卤灯	36000
		平均使用寿命/h	高压钠灯	18000
			金卤灯	8000
3	连续工作时间	接市电供电		长时间
		发电机组一次注满燃油/h		13
4	伸缩气缸	最小高度/mm		2100
		最大升起高度/mm		3500
		升降时间/s		30

续表

序号	参数名称		数值
5	发电机组	额定输出电压/V	220
		额定输出功率/燃油箱额定容量/(W/L)	2000/15
6	最大外形尺寸	长×宽×高/mm	1210×775×600
7	质量	灯盘/kg	17.5
		伸缩气缸/kg	5
		发电机组/kg	45

9.3 设备使用

9.3.1 照明亮度

灯盘由两个400W同压钠灯头或金卤灯头组成，可根据现场需要将灯头向同一方向或两个不同方向照明，也可将每个灯头单独做上下左右大角度调节旋转照明，整体照明远近兼顾，泛光效果好，照明亮度高，灯泡寿命长。

9.3.2 照射范围

灯盘采用2节伸缩气缸作为调节方式，使用电动气泵可快速控制伸缩气缸的升降，最大升起高度为3.5m，上下转动灯头可调节江束照射角度，灯光覆盖半径达到50～100m。

9.3.3 工作时间

可直接使用发电机组供电，发电机组一次注满燃油连续时间可达13h，在有市电的场所，也可接通220V交流电电源实现长时间照明；本车使用自发电机组或市电供电。

9.3.4 适用场所

气缸和发电机组为整体结构，发电机组底部装有万向轮，也可根据客户需要加装铁轨轮，可在坑洼不平的路面及铁轨上运行，本车在野外作业时使用。整体采用各种优质金属材料制作，结构紧凑，性能稳定，确保在各种恶劣环境和气候条件下正常工作，防雨淋、喷水，抗风等级为8级。

9.4 操作步骤

9.4.1 操作流程

(1) 松开推绑伸缩气缸的气缸扣带，以气缸支架的销轴为支点向上拉起伸缩气缸使之与地面垂直竖立，并将伸缩气缸底部的锁紧轴插在气缸定位锁的轴孔内，拧紧侧面的锁紧螺钉，使锁紧螺钉紧紧顶在气缸锁紧轴的凹槽内。

(2) 将灯盘举起使其下部支轴套入伸缩气缸的顶端，使灯盘锁销顶在气缸顶部的凹槽内，并拧紧灯盘锁紧螺灯。

(3) 把伸缩气缸上侧的航空插头插入灯盘底面的插座并旋紧，将电源输出插排的输入插头插入移动配电盘输出插座并旋紧。

(4) 松开灯头支架上端或底部的 M12 碟形螺母，可单独上下或左右调整旋转灯头的照明角度和方位。

(5) 将灯头调整到所需照明角度和方位后，利用汽车底盘的气泵。充气绳对伸缩气缸进行充气，当伸缩气缸完全升高后，关掉汽车气泵开关。

(6) 可分别开启灯盘上 2 个灯头的照明，若需调节灯盘的照明方向，可向外拉起气缸端盖上的气缸锁销，通过旋转气缸来调节。

(7) 使用完毕后，关闭灯头及各处电源开关（若灯盘由发电机供电时关闭发电机），拔下灯盘和气泵连接 220V 交流电源插头。

(8) 由下向上依次拔起每节伸缩气缸端盖上的锁销，同时按下气缸底部的排气阀，使伸缩气缸逐节下降到原位。

(9) 按下气缸底部气嘴蓝色套圈，同时拔下气管，电动气泵端的气管也按照此方法拔下。

(10) 拧下灯盘上的电缆航空插头，松开灯盘锁紧螺钉和锁销，将灯盘向上垂直地从伸缩气缸顶端拖出，再将三脚架支架的三根支脚收回原位并吸附在支撑环段侧的磁铁上，最后分别装入携行箱。

9.4.2 注意事项

(1) 一定要拧紧各锁紧螺钉，各部位锁销务必顶在凹槽内或保证到位，确保灯具整体结合牢固可靠，尤其是气缸立起后，必须用力摇动气缸，确保锁紧后，再装灯盘。

(2) 航空插头与航空插座连接时，必须拧紧螺旋盖，以确保防水。

(3) 伸缩气缸升到位时，要注意关闭气泵开关，如气泵供气过程中伸缩气缸不能正常升起，但气压表的压力已超过 0.25MPa（$2.5kg/cm^2$）时，应立即关闭气泵并检查伸缩气缸是否卡死。

(4) 气缸升起时，不能移动位置，若需移动位置，须将伸缩气缸下降到位，并取下灯盘后再移动。

(5) 如需降低伸缩气缸高度，不能拔下气管排气，而应按下排气。

(6) 阀使伸缩气缸平衡下降。

(7) 使用完后，应让灯头外壳基本冷却后再取下灯盘。

9.5 设 备 管 理

9.5.1 设备日常检查

设备日常检查见表 9.2。

表 9.2　　设备日常检查

检查部位	检查内容	检查部位	检查内容
外观检查	灯塔外观是否存在损坏	行走机构	检查轮胎胎压是否在正常范围内
	外壳和内部构件表面是否清洁		检查轮胎的磨损及损伤情况
动力装置	机油、燃油、冷却液是否达到标准液面		倾听行走机构是否有异常声响
	启动电瓶桩头松紧度是否正常	辅助设施	检查线路有无松动情况
工作装置	检查升降杆是否正常		检查仪表及电控部分是否完好有效

9.5.2　设备保养

1. 具体部位保养

(1) 电线和软管的保养。

1) 每周检查电线布线卡子有无松动，安装是否正确。检查电线有无磨损、老化和因振动产生摩擦。

2) 每周检查所有接线端周围有无因发生电弧而烧蚀的痕迹。

3) 每周检查接地线。接地线应不小于6号线。检查从接地端至车架、发电机机体和发动机机体之间的接地线，确认没有断路。

4) 每月对空气滤清器进气管、冷却系统胶管和柴油软管应进行下列检查：所有胶管接头和胶管卡子必须紧固，软管不能有磨损和老化现象；所有软管不能有磨损、变质和振动摩擦。软管固定卡子必须安装牢固，位置正确。

5) 每周检查电线绝缘套有无脱落或擦破。

(2) 燃油和水分离器的保养。

1) 每周检查燃油过滤器/水分离器内的积水。分离器底部有半透明积水杯或放水阀。

2) 每6个月或500h更换分离器滤芯。燃油质量低或受到污染，应提前更换滤芯。

(3) 空气滤清器的保养。定期捏动初级空气滤清器排尘橡胶阀，防止其堵塞。保养空气滤清器步骤如下：

1) 卸下滤芯。

2) 检查空气滤清器壳体有无导致漏气的缺陷，必要时进行修复。

3) 用清洁湿布擦干净滤清器壳体内部。

4) 保养滤芯。

5) 安装滤芯。

6) 每3个月或500h检查空气滤清器总成（壳体）有无致漏气。检查空气滤清器安装螺栓和卡子紧固状况。

(4) 检查伸缩杆。每周检查伸缩杆，确认端部链接牢固，检查有无磨损、锈蚀等现象，必要时更换伸缩杆。

(5) 检查塔杆锁销。每周检查全部塔杆锁销，更换损坏的销子。

(6) 检查塔杆。每月检查塔杆所有活动零件和导向零件，清洁和润滑滑动表面。更换损坏的零件。

(7) 检查控制箱。每6个月或500h检查控制箱电线接头有无松动、污物，电器有无被电弧烧灼和损坏。

(8) 检查行走装置。每6个月检查轮胎轴承、油封和轴颈有无损坏或磨损。更换损坏或磨损的零件。

用2号锂基润滑脂润滑轴承。

保养轮胎轴承时，应保证轴承端面间隙0.025～0.3mm。

方法如下：

1) 慢慢转动轮毂，使轴承就位。将轴端螺母拧紧到68N·m。

2) 保持轮毂不动，稍微松开轴端螺母。

3) 用手拧紧螺母，使螺母与轴上的开口销孔对准，装入开口销。

4) 将开口销弯曲，锁定螺母。

(9) 检查仪表。启动发动机之前和运转中检查仪表灯、仪表和开关的功能是否正常。

(10) 清洁发电机内部。定期按下列步骤清洁发电机内部：

1) 启动发动机，使其无负荷运转。

2) 用压力为25psi的干燥压缩空气吹扫发电机内部的污物。

(11) 清洗控制箱内部。发电机控制箱采用部分防尘密封。如果需要保养，按下列步骤进行：

1) 打开控制箱顶盖和前盖。

2) 在所有开关接触器上喷挥发性和无沉淀物的电器清洗剂，将开关转到每一个位置并喷清洗剂。保持控制器盖敞开，直到接触器干燥为止。

(12) 火花塞。

1) 卸下火花塞帽。

2) 卸下火花塞。

3) 清除积碳。

4) 测量调整火花塞间隙。

5) 装好火花塞及火花塞帽。

(13) 燃油滤清器。

1) 将燃油开关置于“OFF”位置。

2) 彻底清洁滤油器杯，并用气枪从箭头的反方向吹。

3) 牢固装上新的橡皮衬垫及滤油器杯。

2. 保养表

保养部位及周期见表9.3。

表9.3 **保养部位及周期**

序号	保养部位	保养周期								
		第1个50h	每50h	每100h	每200h	每400h	每500h	每800h	每年	每两年
1	检查燃油管和布管卡子		○							

续表

序号	保养部位	保养周期								
		第1个50h	每50h	每100h	每200h	每400h	每500h	每800h	每年	每两年
2	清洁空气滤芯			○						
3	检查机油油面	○			○					
4	更换燃油过滤器					○				
5	排放燃油箱沉淀物						○			
6	清洗冷却系统						○			
7	检查气门间隙							○		
8	更换空气滤清器滤芯								○	
9	更换燃油管和卡子									○

9.6　常见故障及排除

常见故障及排除方法见表9.4。

表9.4　常见故障原因及排除方法

故障现象	原因	排除方法
灯泡不亮	灯泡烧毁或损坏	更换灯泡。拆卸灯圈时，必须用专用的小六角扳手拆卸灯圈的两个紧定螺钉（分别在灯头背面的上、下部），再用灯圈专用扳手逆时针拧松灯圈取下。用小十字螺丝刀拧下固定反光镜的螺钉，取下反光镜，用尖嘴钳拧下两根六角铜柱，取出玻璃管罩，即可更换灯泡，最后再按卸下时相反的顺序将灯复原
发电机组无法启动或发电	机油或燃油不足或火花塞故障	（1）汽油发电机组开关是否处于“ON”位置。 （2）检查机油与燃油。 （3）卸下火花塞，检查是否有火花。 （4）检查灯泡。 （5）交流断路器是否位于“ON”位置
伸缩气缸不能正常升起	气压不足气缸卡死	首先检查充气泵是否正常，压力0.25MPa（$2.5kg/cm^2$）；检查伸缩气缸卡滞位置及原因，做相应处理或请专业人员进行修理
有工作光无强光（或有强光无工作）	灯泡有一根灯丝烧毁	更换灯泡即可